高等职业教育机电工程类系列教材

注塑模具制造综合实训指导

张　钟　编著

U0378958

西安电子科技大学出版社

内 容 简 介

　　本书详细介绍了注塑模具的制造方法，分为四部分：课程规划与实施、典型模具加工工艺过程、模具加工作业指导以及模具数控编程与加工。

　　本书可作为高职高专模具专业的教材，也可作为模具企业技术人员和自学者的参考书。

图书在版编目(CIP)数据

注塑模具制造综合实训指导/张钟编著. —西安：西安电子科技大学出版社，
2011.11(2022.8 重印)
ISBN 978–7–5606–2680–2

Ⅰ. ① 注… Ⅱ. ① 张… Ⅲ. ① 注塑—塑料模具—制造—高等职业教育—教学参考资料 Ⅳ. ① TQ320.66

中国版本图书馆 CIP 数据核字(2011)第 190279 号

策　　划　杨丕勇
责任编辑　杨丕勇
出版发行　西安电子科技大学出版社（西安市太白南路 2 号）
电　　话　(029)88202421　88201467　邮　编　710071
网　　址　www.xduph.com　　电子邮箱　xdupfxb001@163.com
经　　销　新华书店
印刷单位　广东虎彩云印刷有限公司
版　　次　2011 年 11 月第 1 版　　2022 年 8 月第 3 次印刷
开　　本　787 毫米×1092 毫米　1/16　印张 7.5
字　　数　172 千字
定　　价　22.00 元
ISBN 978 – 7 – 5606 – 2680 – 2 / TQ
XDUP 2972001–3

＊＊＊ 如有印装问题可调换 ＊＊＊

前　言

　　"注塑模具制造综合实训"是模具专业的一门核心课程，教学安排为四周时间。要求学生在完成塑料模具课程设计之后，真刀真枪地制作出设计好的模具，并在注塑机上进行试模。目前该课程还没有相关的教材可供选用，而学生在模具制造实训中，由于时间紧，任务重，完成模具的实际情况不是很理想，确实需要相应教材进行辅导。为此我们编写了本书。

　　本书分为四部分：

　　(1) 课程规划与实施。此部分内容按照以下流程实施：分组讨论，确定模具设计方案；教师点评与学生互动；模具零件参数化设计、装配图绘制及转工程图；讨论模具生产工艺方案；制定工艺卡及工序卡；熟悉车间及模具零件数控编程；模具零件机械加工；模架的装配及检验；模具型腔、型芯加工；模具装配及试模；答辩与评定成绩。

　　(2) 典型模具加工工艺过程。此部分给出了典型案例，包括两套模具从毛坯到模架的加工装配；零件加工模具装配；上机试模与改模等完整生产过程的全套工艺文件和图纸以及关键工序的技术要点分析，供学生自学参考。

　　(3) 模具加工作业指导。此部分通过介绍来自企业的模具制造主要加工方法的作业指导和机床操作维护保养规程，让学生提前接触企业规章制度，"学以致用"。

　　(4) 模具数控编程与加工。这是现代模具制造工艺的核心部分，通过对基本工艺策略到具体多个模具加工案例的分析，开拓学生眼界，指导学生进行合理的数控编程。

　　本书以典型的塑料模具制造为案例，详细分析了整个模具的制造过程，并提供了空白表格，学生可根据自己设计的模具图纸，制定合理的工艺流程，安排生产进度，记录、分析并及时总结。本书还在模具制造关键工序给予学生提醒和指导，以帮助学生掌握技术要领，减少出错。

　　在本书的引导下，学生应按照合理的工艺流程安排生产进度，在各零件工序完成之后及时进行总结，有利于顺利完成模具的设计与制造的全过程及提高自己的实践能力和技术理论水平。

　　由于本人水平有限，书中难免出现疏漏，恳请广大读者批评指正。

编著者

2011 年 8 月

目　　录

第 1 章　课程规划与实施

"注塑模具制造综合实训"是模具设计与制造专业的一门核心课程,主要向学生提供理论与实践一体化的学习方法。通过学习该门课程,学生可具备以下能力:运用 CAD/CAM(计算机辅助设计/计算机辅助制造)技术和现代制造技术,利用现有的加工设备,模拟真实的生产场景,在实训教师的指导下,完成模具从图纸到零件的生产过程;进一步综合运用所学知识,掌握模具设计方法、模具典型零件制造工艺规程编制、工序分析等基本方法;掌握典型模具零件数控加工编程与操作的基本方法、电火花与线切割操作的基本方法及普通机械加工方法;掌握模具装配工艺过程、模具装配调试的基本方法;熟悉模具制造企业的设计部门、技术测量部门、装配车间的工作流程和内容;通过小组讨论、分工协作、总结汇报,培养学生的团队合作精神,全面提高自身的综合素质。

1.1　课程实施流程

本课程实施流程如表 1-1 所示。

表 1-1　课程实施流程表

实训的主要内容	教学实施步骤	时间安排
分小组,布置任务	1) 模具设计与制造综合实训介绍 2) 组织学生自愿分组(8~10 人一组) 3) 学生根据塑料制件零件图,分析其加工工艺性及材料的工艺性能 4) 讨论其模具类型及设计方案	第 1 天
模具设计方案的制定	1) 模具设计方案的制定 2) 模具设计方案的论证	第 1 天
教师点评与学生互动	1) 各小组提交工艺方案 2) 小组讨论 3) 教师对方案合理性进行点评 4) 小组成员实训任务的具体分配	第 2 天
模具具体结构设计	1) 确定模具的主要结构 2) 注射机校核 3) 合理选择标准模架及其他标准件	第 2 天
模具零件数字化建模	1) 使用 CAD 软件进行模具 3D 设计建模 2) 模具零件三维实体建模	第 3 天
模具装配图	模具装配及结构调整	第 4 天

续表一

实训的主要内容	教学实施步骤	时间安排
工程图生成	1) 三维装配图生成二维工程图 2) 工程图中视图、尺寸及技术要求(公差、粗糙度等)调整 3) 材料及热处理制定	第4、5天
答辩与评定成绩	1) 学生答辩 2) 教师点评模具结构的合理性、模具设计的要点 3) 本单元成绩评定	第5天
分组讨论,确定模具零件生产工艺方案	1) 教师指导学生了解模具典型零件加工工艺过程和技术参数的要求 2) 各小组收集有关资料,讨论及确定模具典型零件生产工艺方案 3) 各小组讨论、记录、整理生产工艺方案	第6天
教师点评与学生互动	1) 各小组提交工艺方案(草稿),教师答疑 2) 教师点评各小组讨论记录,分析典型问题	第7天
毛坯绘制,工艺卡制定	1) 学生选择毛坯,绘制毛坯草图,教师进行过程控制 2) 工艺过程卡片的制定	第7天
工序卡制定	1) 学生了解模具工作零件的制造特点 2) 学生完成工序卡制定 3) 教师完成相应项目的考核记录	第8天
答辩与评定成绩	1) 学生整理所有工作文件,按组进行考核:如成员之间的协作情况,完成工作任务的质量等 2) 给出本单元成绩	第8天
熟悉车间,分组讨论	1) 学生全面了解模具实习车间、数控车间 2) 学生熟悉机床、刀具、量具,分组讨论,确定切削加工参数 3) 教师进行过程控制,对典型和普遍的问题进行讲解	第9天
加工程序的编写与调试	1) 模具工作零件数控加工程序的编写 2) 程序输入 3) 程序的模拟与调试	第10天
零件机加工	1) 数控车间、模具车间现场操作安全教育 2) 毛坯、工具、刀具、量具的领用 3) 完成模具零件热处理前的机加工 4) 机床的打扫、清洁	第11天
模具钳工加工	1) 螺纹孔、销钉孔等孔系加工 2) 检验方案制定 3) 按工艺卡检验 4) 机床的打扫、清洁	第12天
零件热处理	1) 学习热处理规范 2) 淬火炉加热 3) 淬火 4) 回火 5) 检验 6) 场地的打扫、清洁	第13天

续表二

实训的主要内容	教学实施步骤	时间安排
零件精密磨削	1) 完成模具零件热处理后的精密磨削 2) 按工程图检验尺寸和技术要求 3) 归还所有量具、工具 4) 机床的打扫、清洁	第 14 天
零件检验	1) 填写检验文件 2) 学生整理所有工作文件	第 15 天
答辩与评定成绩	1) 学生答辩 2) 教师点评模具结构的合理性、模具设计的要点 3) 本单元成绩评定	第 15 天
分组讨论,确定装配工艺的流程方案	1) 读模具装配图,明确模具装配技术要求 2) 确保模具装配质量的解决方案 3) 明确模具与机床联接、固定的方式 4) 分析模具装配的先后顺序,确定装配基准 5) 确定模具工作零件的固定方法及配钻、铰、夹钳的使用 6) 学生小组讨论、记录、整理装配工艺的流程	第 16 天
教师点评与学生互动	1) 每位学生就装配工艺流程发言,教师点评、答疑,分析典型问题 2) 学生完善装配工艺流程 3) 装配任务分配 4) 选择领取装配、检测工具及模具标准件	第 16 天
模具装配	1) 检验自制件是否合格 2) 模架的装配及检测 3) 上模(定模)装配 4) 下模(动模)装配 5) 上、下模合模,调整相对位置,保证间隙 6) 总装配完成后,进行检查:活动件动作是否可靠;是否满足装配图的其他技术要求,并进行合理配修	第 17、18 天
模具试模	1) 机床操作、工具装配、安全要求 2) 模具安装 3) 试模 4) 制件检验 5) 分析缺陷产生原因及解决方法 6) 模具调整、机床参数调整 7) 模具重新安装 8) 再次试模 9) 填写试件的检验报告	第 18、19 天
答辩与评定成绩	1) 学生陈述:模具的装配过程;自己承担内容的工作过程;试模件不合格的原因及解决办法 2) 教师提问与总结 3) 根据学生装配过程的表现、答辩情况、完成工作任务的质量、协作情况等评定成绩	第 20 天

　　表 1-1 为利用外购标准模架进行模具制造综合实训的实施流程,在教学过程中还需要根据学生情况与学校实训室工作安排进行相应的调整。为了降低教学成本,增加教学内容,

可以自制标准模架进行模具制造综合实训。建议第1～5天的有关模具设计部分，可以充分利用课余时间，提前实施。同时，适当简化课程实施的具体流程。简化后的流程如表1-2所示。

表1-2 模具制造综合实训需求计划

时间	工作的主要内容	地点	设备	指导教师人数	物料	刀具	量具
第1周	模具制造方案讨论与定稿，小组本周工作计划安排	教室	—	1名	—	—	—
	动模板、定模板、推件板的基准边铣削加工、磨大平面	金工车间	卧铣1台、平磨1台	2名	详见采购清单	铣刀盘、砂轮	游标卡尺4把
	定模板型腔、导套孔的数控加工	数控车间	数控铣床4台(每组1台)	2名	详见采购清单	高速钢铣刀、刀粒式铣刀、钻头、铰刀一批	游标卡尺4把、高度游标卡尺1把
	浇口套、导柱、导套、复位杆、推杆等的车削加工	金工车间	车床4台(每组1台)	1名	详见采购清单	合金焊接车刀、钻头一批	游标卡尺4把
	型芯、型腔镶件、定模座板、动模座板、垫块、支承板、推板、推杆固定板的铣周边、磨大平面、划线、钻孔、攻丝	金工车间	卧铣1台、立铣1台、万能铣4台、摇臂钻1台、平磨1台、虎钳4台、划线平台4块、钳工台4张(每组1台)	3名	详见采购清单	铣刀盘、砂轮、高速钢铣刀、刀粒式铣刀、钻头、丝锥一批	游标卡尺8把、高度游标卡尺4把
第2周	小组上周工作总结与本周工作计划安排	教室	—	1名	—	—	—
	浇口套、导柱、导套、复位杆、推杆等的车削加工	金工车间	车床4台	1名	详见采购清单	合金焊接车刀、钻头一批	游标卡尺4把
	推件板、动模板内腔、导套、导柱孔的数控加工	数控车间	数控铣床4台	2名	详见采购清单	高速钢铣刀、刀粒式铣刀、钻头、铰刀一批	游标卡尺4把、高度游标卡尺1把
	型芯的数控加工	数控车间	数控铣床4台	2名	详见采购清单	高速钢铣刀、刀粒式铣刀、钻头、铰刀一批	游标卡尺4把、高度游标卡尺1把
	定模座板、动模座板、垫块、支承板、推板、推杆固定板(除需要配合以外的机械加工)	金工车间	卧铣1台、立铣1台、万能铣4台、摇臂钻1台、平磨1台、划线平台4块、钳工台4张	3名	详见采购清单	铣刀盘、砂轮、高速钢铣刀、刀粒式铣刀、钻头、丝锥一批	游标卡尺8把、高度游标卡尺4把
	导柱、导套的热处理	金工车间	电炉1个	1名	—	—	—

续表

时间	工作的主要内容	地点	设备	指导教师人数	物料	刀具	量具
第 3 周	小组上周工作总结与本周工作计划安排	教室	—	—	—	—	—
	型芯、型腔镶件的数控加工	数控车间	数控铣床 4 台	2 名	详见采购清单	高速钢铣刀、刀粒式铣刀、钻头、铰刀一批	游标卡尺 4 把、高度游标卡尺 1 把
	导柱、导套配磨，导柱与动模板配磨，导套与动模板、推件板配磨	金工车间	内圆磨 1 台、外圆磨 1 台	1 名	详见采购清单	砂轮	内外径千分尺 4 把
	浇口套与定模座板的组合孔位加工，复位杆、推杆、拉料杆等需要配合部位的车削加工	金工车间	摇臂钻 1 台、虎钳 4 台、划线平台 4 块、钳工台 4 张	1 名	详见采购清单	钻头、丝锥一批	游标卡尺 4 把
	浇口套、定模板、定模座板等的组合加工；支承板、推杆固定板、型芯等的组合加工	数控车间	数控铣床 4 台	2 名	详见采购清单	高速钢铣刀、钻头、铰刀一批	游标卡尺 4 把、高度游标卡尺 1 把
	模具修整、抛光	金工车间	虎钳 4 台、划线平台 4 块、钳工台 4 张	1 名	—	油石、砂纸一批	—
第 4 周	小组上周工作总结与本周工作计划安排	教室	——	1 名	—	—	—
	模具装配，合模修配，注意推杆、推件板、浇口套等高度的调整	金工车间	钳工台 4 张、打磨机 4 台	1 名	—	—	—
	试模前检验，注塑机试模	注塑车间	注塑机 1 台	1 名	PP 料 2 包	—	—
	改模，再次试模	金工车间、数控车间、注塑车间	相关设备	若干	—	—	—
	填写相关实训文件报告。小组总结汇报，组员内部评分	教室	—	1 名	—	—	—

1.2 实训报告格式

(1) 注塑模具制造综合实训报告由学生填写，经指导教师审定后，下达执行。

(2) 进度表由学生填写，每周交指导教师签署审查意见，并作为模具制造实训工作检查的主要依据。

(3) 学生在指导教师的组织协调下，以小组为单位展开模具制造工作。

(4) 在模具制造完成后，将本实训报告与模具设计图纸一起上交指导教师，作为实训成绩评阅的依据和模具制造综合实训过程的主要档案资料。

实训报告具体格式见下。

注塑模具制造综合实训报告

制造题目： _____

模具编号： _____

专　　业：_____ 班　　级：_____

组　　长：_____ 组　　员：_____

_____

起讫日期： _____

指导教师： _____

审核日期： _____

XXX 系模具教研室

一、小组人员分工表

按工种分工		
1	设计	
2	工艺	
3	编程	
4	数控	
5	铣工	
6	车工	
7	钳工	
8	质检	
按加工零件分工		
1	定模座板	
2	定模(A)板	
3	推件板	
4	动模(B)板	
5	支承板	
6	垫块	
7	动模座板	
8	推板	
9	推杆固定板	
10	型芯镶件	
11	型腔镶件	
12	复位杆	
13	浇口套	
14	导柱	
15	导套	
16	推杆	

　　每人必须承担一个工种的任务，还需要加工一个零件或者承担多个零件加工中的一道工序，否则成绩为零。

二、设计图纸内容及张数

三、模具生产进度安排

四、模具各零部件加工工艺流程及实际进度记录

① 定模座板。② 定模(A)板。③ 推件板。④ 动模(B)板。⑤ 支承板。⑥ 垫块。⑦ 动模座板。⑧ 推板。⑨ 推杆固定板。⑩ 型芯镶件。⑪ 型腔镶件。⑫ 复位杆。⑬ 浇口套。⑭ 导柱。⑮ 导套。⑯ 推杆等。

五、模具制造实训总结表(本表每周由学生填写一次,交指导教师签署审查意见)

第1周	学生主要工作: 指导教师审查意见:
第2周	学生主要工作: 指导教师审查意见:
第3周	学生主要工作: 指导教师审查意见:
第4周	学生主要工作: 指导教师审查意见:

六、所做课题的模具及塑件图片(学生提交)

模具:

照片:

七、小组各成员的个人总结

1.3 塑料模具制造综合实训汇报图例

1. 部分模具的三维设计图与坯料(如图 1-1 所示)

图 1-1 部分模具的三维设计图与坯料

2. 部分模具成品和塑料件(如图 1-2 所示)

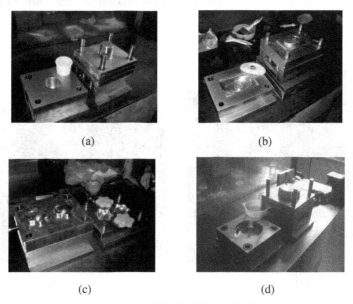

图 1-2 部分模具成品和塑料件

3. 普通机加工(铣基准作标记)(如图 1-3 所示)

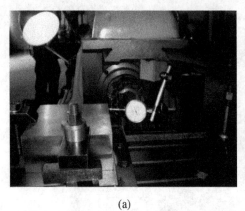

(a)   (b)

图 1-3　普通机加工(铣基准作标记)

4. 数控加工

1) 型腔、型芯加工(如图 1-4 所示)

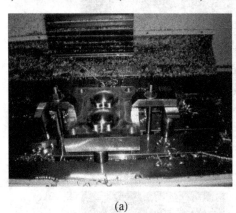

(a)   (b)

图 1-4　型腔、型芯加工

2) 孔系加工(如图 1-5 所示)

(a)   (b)

图 1-5　孔系加工

3) 典型零件的数控加工过程(开粗—半精加工—精加工—清角)(如图 1-6 所示)

(a)　　　　　　　　　　　　　　(b)

(c)　　　　　　　　　　　　　　(d)

图 1-6　典型零件的数控加工过程

5. 合模修配(如图 1-7 所示)

(a)　　　　　　　　　　　　　　(b)

(c)　　　　　　　　　　　　　　(d)

图 1-7　合模修配

6．试模与改模(如图 1-8 所示)

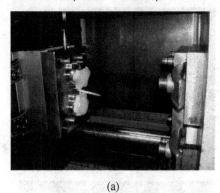

(a)   (b)

图 1-8 试模与改模

7．小结

在全体同学和指导老师的共同努力之下，同学们在 4 周之内顺利完成了 8 套模具的制造，全部试出塑料样件。取得此成果的原因如下：(1) 控制模具规格较小，结构相对简单。(2) 制定了模具生产进度计划，按时检查落实情况。(3) 编制了模具各零件的制造工艺文件，按图纸、按工艺进行加工，做到心中有数。(4) 小组分工协作，责任到人。此外，各组还安排了质检员，便于及时发现问题进行处理。

1.4　小型模具企业生产运作流程

(1) 产品结构审核。产品实样或图纸接手后，由模具设计员全面检查产品零件工艺结构、脱模、质量要求等细节，如有问题负责与产品设计者沟通并进行产品的合理更改。

(2) 模具结构排位。由开模责任人(模具钳工组长)、模具设计员、主管(模具车间主任)三方论证确定，若意见相左，则少数服从多数。具体工作由模具设计员填写材料采购单，主管审核，文员登记采购。

(3) 模具 3D 设计。模具设计员负责具体模具设计，设计中细节如有问题，应与模具责任人协商确定解决。若两人意见相左，拍板困难，要与主管再次协商确定。

(4) 设计与制造的统一性。模具设计员对模具设计的合理性、加工图纸的正确性与模具责任人的责任等同。模具生产加工一律按图施工，不得随意更改。设计与制作必须正确及统一，这是做好模具的先决条件。

(5) 模具出图。模具设计完毕，应绘制出相应的结构图、推杆加工图，并一律由开模责任人审核签字，图纸受控后方可发送车间进行普通加工和数控加工。

(6) 加工流程的确定。

① 一般作业顺序：模具设计—材料订购—来料检验—铣削加工—磨削加工—数控编程—CNC(数控加工)—W/C(线切割加工)—EDM(电火花加工)—孔系加工—省模(抛光)—模具装配—试模—样件检测—改模—再次试模—样件合格—模具入库。

② 模具责任人对加工工艺负全部责任，每一道工序加工，必须做到尺寸到位，形状准确(特别是形状有要求的)。模具责任人参与模具设计的最终目的就是为了更好、更合理地安

排加工工艺。

(7) 按图操作加工。各工种加工组的成员，是模具加工工艺的实际操作者，应服从各模具组长加工任务的安排。一般按排队顺序进行零件加工，特殊情况下须由主管在加工图上审核签字方可提前加工。

(8) 毛胚基准的确定。模具工件发送到各工种加工组后，必须先在模板上正确、清楚地标好基准，并与加工示意图和相关加工图纸保持一致，以免影响加工中心、线割机或车床等加工。要有正确的观念，不做无数据的主观加工，避免做一步看一步的模糊加工。

(9) 异常情况处理。各加工组一律按工件基准、模具零件图纸加工，拒绝按照模糊图纸、当事人口令进行加工。要严格按上一道工序图纸指令或责任人图纸指令进行加工，发现问题或加工失误要及时与开模责任人检讨后方可再次加工，并确保加工基准准确。

(10) 数控加工。对工件上 CNC(数控加工)之前，模具责任人要配合编程者，做加工工艺指导，如碰穿拆穿余量缩放，三维电极规划等。放电加工前领取电极，并对其拔模斜度检测后方可加工。

(11) 过程监控。模具责任人在加工中途确实发现问题时，必须经模具设计员更改后方可继续加工，模具设计员全权负责中途数据更改，以确保模具的准确加工。一定要注意避免由于没有及时更改，导致加工出错造成的经济损失。

(12) 预见性。模具责任人对模具实际制作，要有一定的预见性。根据"加胶容易减胶难"、配合"尺寸宁紧勿松"等原则，对实际加工误差留一定的余量，方便后续修整，这是做好模具的必要手段。

(13) 加工基准的重要性。在飞模(合模修配)之前要再次检讨加工基准(加工基准越少越好)，复查各模具零件加工后的实际尺寸，做到了如指掌，然后进行修正各相关配合尺寸。思想上要意识到：经验固然重要，但数据比经验更重要，一切主观意识都应服从实际尺寸。

(14) 生产计划安排。模具责任人对模具加工时间负全部责任。对工作进程中遇到的实际困难，要提前提交主管，进行协商，找出解决问题的具体办法并实施。如果加工组个别人员不配合，则模具责任人有权投诉，直到问题顺利解决，确保生产正常进行。

(15) 分工责任。模具设计员与模具责任人对模具生产和加工效益负全部责任。模具设计员主要负责图纸正确，指导数控工艺准备。模具责任人主要负责模具的生产调度、工艺安排，模具进度，确保本组人员安全、文明生产。

(16) 车间管理。车间主管总负责车间安全文明生产、各区域卫生、模具生产总调度、各组生产配合、模具成本控制、材料进出、外协加工、机床保养、劳动纪律监督等。

上述规定是发生纠纷、事故时进行责任认定的依据。对于违反《模具生产作业流程》且造成重大损失者将从严追究责任，进行经济处罚，甚至开除出厂。

第2章　典型模具加工工艺过程

模具生产属于单件生产，不同于批量生产。每套模具基本上都是新产品，都要进行创造性的模具设计、数控编程、生产准备、机械加工、装配及试模修改等几个过程，因此模具生产管理复杂、难度大。现代模具生产是建立在 CAD/CAM/CAE 集成应用的基础上，建立以工艺管理为中心的科学管理体制，编制合理的工艺文件并组织实施，重视生产链前端（设计）、中端（加工）的能力开发，重视工序质量的控制与设备管理，以提高模具生产效率、缩短模具交货周期、降低生产成本、提高模具质量水平。改变过去模具的制造工艺过度依赖生产链末端的钳工修配而不重视零件加工的尺寸控制，导致生产效率低，质量难以保证的现象。

模具制造是模具设计过程的延续，以模具设计图样为依据，通过对原材料的加工和装配，使其成为具有使用功能的成型工具的过程。模具制造主要进行模具工作零件的加工、标准件的补充加工、模具的装配与试模。其中编制模具零件加工工艺规程是模具制造的前期工作，模具零件加工工艺规程是指导模具加工的工艺文件。

2.1　模具加工工艺编制的基本要求

模具零件加工工艺规程的制定步骤包括：在制定模具零件加工工艺规程之前，应详细分析模具零件图、技术条件、结构特点、以及该零件在模具中的作用等；制定模具零件坯料的制造方法；初拟工艺路线，注意粗、精加工基准的选择，确定热处理工序，划分加工阶段。在拟定工艺方案时，应拟定几个可实施的工艺方案进行分析比较，选择其中较合理的方案，并根据实际情况进行相应的调整。在拟定工艺过程中，应正确选择加工设备、工具、夹具和量具；根据工艺路线确定各加工阶段尺寸及公差，确定半成品的尺寸；根据坯料的材料及硬度计算或查表确定切削用量；在模具零件的制造过程中还要加强检验，把检验的重点放在尺寸精度上。

一份合理的工艺编制文件，能给模具生产成本的控制与产品质量带来良好的影响。编制工艺文件的基本原则就是"快"、"好"、"省"，并贯穿于编制的始终。根据自己的人力、物力基础和客户提供的数据或图纸的要求，尽快地编制切实可行的工艺文件，制造出高品质的模具产品。

（1）"快"：要求在最短的时间内编制出耗时最短的工艺文件。

① 工艺员要熟知本单位的机床设备加工能力及工人技术水平，最好亲自操作过每一台机床，对加工过程十分了解，以适应模具零件复杂性与特殊性的要求，应做到拿到一份图纸，就能够很快地确定最佳加工流程。

② 确定合理的最小加工余量。在上下工序，粗精工序之间，留出必要的加工余量，以

减少各工序的加工时间。

③ 由于模具零件多为单件或小批量生产，工艺卡片不可能像批量产品那样的仔细、详尽，但要力求一目了然，没有遗漏。关键工序要交待清楚加工注意事项，写出操作指导，以减少操作者的适应时间，减少加工失误。

④ 对于加工过程中需要的夹具、量具、辅助工具等优先选用通用装备，如有特殊要求应当先行设计，提前做好准备。

(2) "好"：要求工艺员能够编写出最合理、最佳的工艺文件，预防处理加工过程中可能出现的问题，这也是衡量一个工艺员是否优秀的标准之一。

① 严格区分粗精加工工艺。一般而言，粗、精工艺的划分由热处理工艺来决定，在最终热处理后的加工多为精加工。余量要尽量安排在粗加工阶段完成，以减少刀具的损耗。

② 运用预处理工艺措施。对于一些中间去除材料较多的零件，在精加工之前应单边留量 0.5 mm 左右，先加工出大致型腔，时效处理后再精加工，以消除加工内应力所产生的变形。对于一些薄壁零件，要预留一个加强工艺台，以防止加工夹持变形。

③ 适当地留出加工基准。在生产中常会遇见加工基准无法与设计基准重合的问题，这时就要预加工一个工艺基准，以便于各工序的加工。

④ 采用专业术语。在工艺文件中要充分运用大家熟知的专业术语和加工表达方法，清楚地传达加工意图，要避免"加工到图纸"，"形状尺寸公差到要求"之类的模糊语言，做到工艺与图纸有机结合，使机床操作员明白该干什么及怎样干，这样也便于检验人员进行检测。

(3) "省"：要充分节约人力、物力及财力，提高单位生产效率。

① 运用机械加工工艺学和统筹学的观点，对于模具之类的单件小批量产品，采用集中工序加工的原则，尽量安排在一台机床上加工，充分发挥数控机床的效用，缩短工艺流程，这样可减少装夹、识图、计算等重复劳动时间，减少转序交检的时间，提高生产效率。

② 对每台机床加工的工时定额要有充分的估计，能快加工的尽量不采用慢加工的机床，能粗加工解决的就不上精加工机床，有利于保护机床的精度和使用期限，节约成本。

2.2　仪表壳注塑模具制造

如图 2-1 所示的塑件为某仪表外壳，材料 ABS，壁厚 2 mm，批量生产。塑件采用一模一腔成型，型腔布置在模具中间，产品中心线与模具中心线重合；平面台阶分型面；浇注系统采用大水口，半圆形分流道，侧浇口形式；推出方式为推件板推出；该模具采用外购的标准模架进行加工，定位圈、浇口套等均为标准件。标准模架的型号规格为"FUTABA-SB 15 × 15 30 20 50"，即大水模架带推件板，动、定模板长宽尺寸为 150 mm × 150 mm，定模板(A 板)厚度 30 mm，动模板(B 板)厚度 30 mm，垫块(C 板)厚度 50 mm。

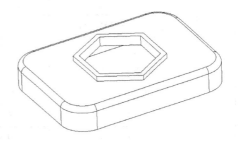

图 2-1　仪表壳塑件示意图

2.2.1 模具制造的基本过程

1. 审核模具设计图及模具加工工艺规程

仔细审核模具设计图，分析模具零件加工工艺规程，根据模具结构特点制定装配工艺。包括：研究分析所装配模具图样和装配时应满足的技术要求；对装配尺寸链进行分析与计算，进一步确定保证产品精度的装配方法；对模具结构进行装配工艺性分析，明确各种零部件的装配关系；确定各工序中的装配质量要求，确定检测项目、检测方法和工具；选择确定所需装配工具、夹具和设备。

2. 模具零件加工过程

全面清理和初检已准备好的标准件、原材料和毛坯等；清理和整理在加工过程中拟使用的刀具、夹具等其他工具；估计每个模具零件的每道工序的加工工时，指导加工过程中的生产计划(建议使用网络计划方法制定)；根据模具零件图纸及零件加工工艺规程逐一加工每个模具零件；检验加工出的模具零件。

3. 模具装配过程

清理并检验已加工的模具零件；重温装配工艺，确定详细装配步骤；准备装配过程所需的各种工具。装配步骤包括：通过研配、磨削等方法将所有配合的部件装配在一起；在长度上有装配余量的零件，在装配后，配磨去掉多余余量；有配合要求的模具零件，待配合尺寸达到图纸要求后，先拉紧装配螺钉，再配作销钉孔并贯入销钉。装配完成后，进行手工调试模具以初检模具工作情况。

4. 试模与调整过程

准备好试模用具及试模材料；将模具在注塑设备上安装、调配好；用塑料进行试模；分析试模中出现的问题，调整模具或工艺参数，甚至要对模具零件重新加工，再次试模；可能还会多次试模、改模，直到试出合格产品。

2.2.2 模具零件简图与工序卡

仪表壳注塑模具零件明细如下：

表 2-1 仪表壳注塑模具零件明细表

编号	英文名称	零件名称	规　格	数量
1	LOCATING RING	定位圈	M-LRB 100 mm × 50 mm	1
2	CL_PLATE	左垫块	150 mm × 28 mm × 50 mm	1
3	CR_PLATE	右垫块	150 mm × 28 mm × 50 mm	1
4	U_PLATE	支承板	150 mm × 150 mm × 30 mm	1
5	B_PLATE	动模板	150 mm × 150 mm × 20 mm	1
6	S_PLATE	推件板	150 mm × 150 mm × 15 mm	1
7	T_PLATE	定模座板	200 mm × 150 mm × 20 mm	1
8	A_PLATE	定模板	150 mm × 150 mm × 30 mm	1

编号	英文名称	零件名称	规　　格	数量
9	SPRUE	浇口套	16 mm × 50 mm × 10 mm × 3.5 mm	1
10	RETURN PIN	复位杆	M-RPN 12 mm × 85 mm	4
11	E_PLATE	推杆固位板	150 mm × 90 mm × 13 mm	1
12	F_PLATE	推板	150 mm × 90 mm × 15 mm	1
13	L_PLATE	动模座板	200 mm × 150 mm × 20 mm	1
14	CONNECTOR	水嘴	H81-09-M10 mm	8
15	EJ_PIN	拉料杆	E-EJ 6.0 mm × 150 mm	1
16	CORE	型芯	45# 钢	1
17	KE-PARTING	塑料件	ABS(材料)	若干
18	GUIDE BUSH_B	导套 B	M-GBB 16 mm × 14 mm	4
19	GUIDE BUSH_A	导套 A	M-GBA 16 mm × 29 mm	4
20	GUIDE PIN	导柱	M-GP 16 mm × 60 mm	4
21	TCP_SCREW	定模紧固螺钉	M10 mm × 20 mm	4
22	CORE_SCREW	型芯紧固螺钉	M6 mm × 25 mm	4
23	BCP_SCREW	动模紧固螺钉	M10 mm × 20 mm	4
24	EJ_SCREW	推板紧固螺钉	M6 mm × 20 mm	4
25	RING_SCREW	定位圈紧固螺钉	M6 mm × 12 mm	2
26	SPRUE_SCREW	浇口套紧固螺钉	M6 mm × 12 mm	1

1. 仪表壳注塑模具实物图、定/动模组件图及装配图

仪表壳注塑模具实物图、定/动模组件图及装配图如图 2-2～图 2-6 所示。

图 2-2 模具实物

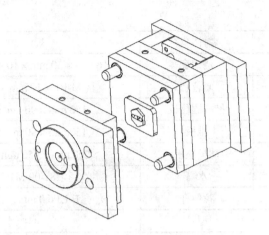

图 2-3　仪表壳注塑模具装配示意图

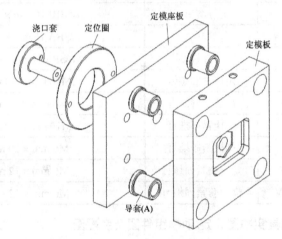

图 2-4　仪表壳注塑模具定模组件装配示意图

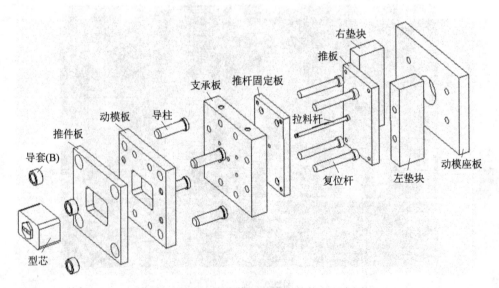

图 2-5　仪表壳注塑模具动模组件装配示意图

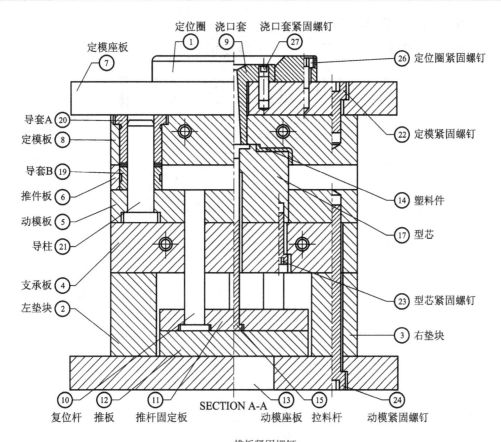

SECTION A-A

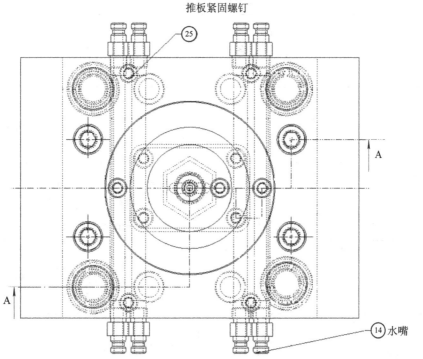

图 2-6　仪表壳注塑模具装配简图

2．定模座板零件简图与工序卡

定模座板零件简图如图 2-7 所示，工序卡如表 2-2 所示。

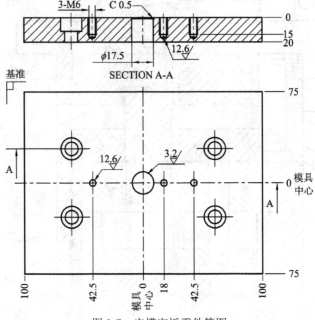

图 2-7　定模座板零件简图

表 2-2　定模座板零件工序卡

序号	工 序 简 图	工序名称	工 序 内 容
1		备料	标准定模座板，注意加工基准及正反面方向
2		钳工	(1) 划线，钻中间 $\phi 17.5$ mm 通孔及倒角
			(2) 将定模座板与定模板对齐，用螺钉锁紧 (3) 与浇口套配做 M6 螺纹底孔，并完成浇口套螺钉安装台阶孔加工
			(4) 与浇口套、定位圈配做 2-M6 螺纹底孔
			(5) 定模座板的 3-M6 螺孔倒角攻丝

3．动模座板零件简图与工序卡

动模座板零件简图如图 2-8 所示，工序卡如表 2-3 所示。

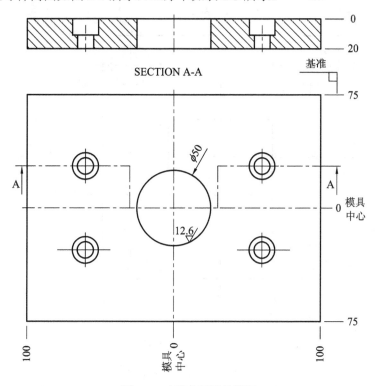

图 2-8　动模座板零件简图

表 2-3　动模座板零件工序卡

序号	工 序 简 图	工序名称	工 序 内 容
1		备料	标准动模座板，注意加工基准及正反面方向
2		车工	上四爪卡盘，划针找正，钻镗中间 $\phi50$ mm 顶出孔，或在数控铣上铣出中间 $\phi50$ mm 孔

4．推件板零件简图与工序卡

推件板零件简图如图 2-9 所示，工序卡如表 2-4 所示。

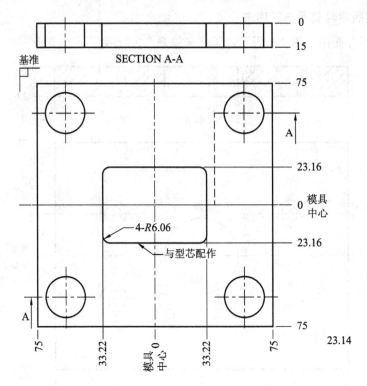

图 2-9 推件板零件简图

表 2-4 推件板零件工序卡

序号	工序简图	工序名称	工序内容
1		备料	标准推件板,注意加工基准及正反面方向,不用拆出导套
2		钳工	在模板中心位置钻通穿丝孔φ6 mm
3		线切割	线割 66.44 mm × 46.32 mm 内腔,周边留 0.02 mm 研配余量
4		钳工	打磨线切割表面

5．动模板零件简图与工序卡

动模板零件简图如图 2-10 所示，工序卡如表 2-5 所示。

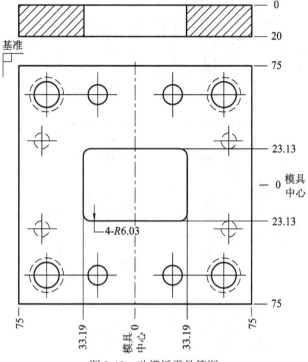

图 2-10 动模板零件简图

表 2-5 动模板零件工序卡

序号	工 序 简 图	工序名称	工 序 内 容
1		备料	标准动模板，注意加工基准及正反面方向
2		钳工	在模板中心位置钻通穿丝孔ϕ6 mm
3		线切割	线割 66.38 mm×46.26 mm 内腔，周边留 0.02 mm 研配余量
4		钳工	打磨线切割表面

6. 支承板零件简图与工序卡

支承板零件简图如图 2-11 所示，工序卡如表 2-6 所示。

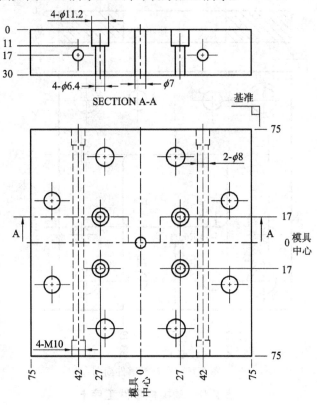

图 2-11　支承板零件简图

表 2-6　支承板零件工序卡

序号	工序简图	工序名称	工序内容
1		备料	标准支承板，注意加工基准及正反面方向
2		钳工	(1) 划线，钻通中间 $\phi7$ mm 与 4-$\phi6.4$ mm 螺钉避空孔 (2) 扩孔 4-$\phi11.2$ mm 螺钉沉头孔到深度 11 mm
			(3) 划线，钻通 2-$\phi8$ mm 冷却水道孔 (4) 冷却水孔端 4-M10 螺孔倒角攻丝

7．顶杆固定板零件简图与工序卡

顶杆固定板零件简图如图 2-12 所示，工序卡如表 2-7 所示。

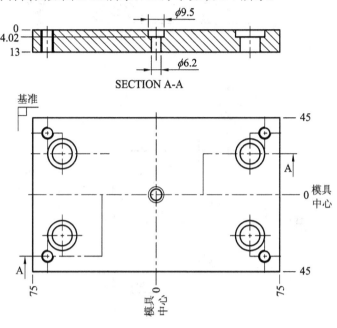

图 2-12　顶杆固定板零件简图

表 2-7　顶杆固定板零件工序卡

序号	工 序 简 图	工序名称	工 序 内 容
1		备料	标准顶杆固定板，注意加工基准及正反面方向
2		钳工	划线，钻通中间 $\phi6.2$ mm 拉料杆避空孔，扩孔 $\phi9.5$ mm 拉料杆沉头孔到深度 4.02 mm

8．定模板零件简图与工序卡

定模板零件简图如图 2-13 所示，工序卡如表 2-8 所示。

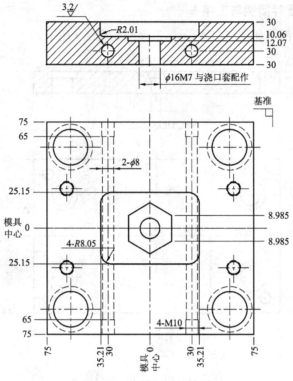

图 2-13　定模板零件简图

表 2-8　定模板零件工序卡

序号	工序简图	工序名称	工序内容
1		备料	(1) 打开模架，取出定模组件，整体进行加工 (2) 注意加工基准及正反面方向，不用拆出导套、定模座板
2		数控铣	(1) 正面装夹，按基准角摆放，顶面打校表平，校直基准边 (2) 粗、精铣 70.42 mm × 50.3 mm × 10.06 mm 型腔及中间边长为 17.97 mm 的正六方凹槽，周边留打磨余量 0.05 mm (3) 钻铰 4 个导套孔，依次钻中间中心孔、钻通 ϕ12 mm 及 ϕ15.5 mm，铰 ϕ16 mm 孔，铰孔深度超出定模板的厚度
3		电火花	清角加工中间的正六方凹槽，去除数控铣刀具所产生的工艺死角电极形状如下所示：
4		钳工	(1) 划线，上摇臂钻床钻出 2-ϕ8 mm 冷却水通孔 (2) 冷却水孔端口 4-M10 螺纹攻丝 (3) 打磨型腔表面

9. 型芯镶件零件简图与工序卡

型芯镶件零件简图如图 2-14 所示，工序卡如表 2-9 所示。

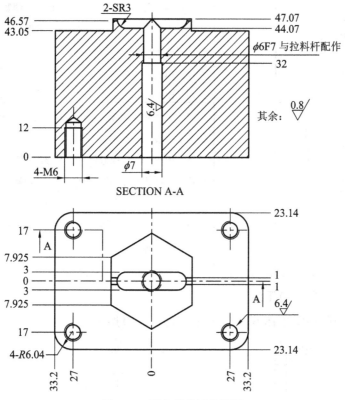

图 2-14 型芯镶件零件简图

表 2-9 型芯镶件零件工序卡

序号	工 序 简 图	工序名称	工 序 内 容
1		备料	毛坯尺寸 70 mm × 50 mm × 52 mm
2		热处理	退火：HB180～220；调质：HRC28～32
3		铣削	铣六面到尺寸 67.0 mm × 47.0 mm × 47.5 mm，用直角尺检验各面是否相互垂直
4		平面磨削	磨两平面到尺寸 67.0 mm × 47.0 mm × 47.1 mm，保证厚度 47.1 ± 0.01 mm
5		钳工	在磨好的平面上，分中划线，钻出 4-M6 螺纹底孔，并倒角攻丝

续表

序号	工 序 简 图	工序名称	工 序 内 容
6		数控铣	(1) 将工件安装在垫板上，上螺钉锁紧 (2) 工件顶面打校表平，校直工件长边；xy 轴原点为工件中心，底面为 z 轴原点 (3) 粗、精铣周边到尺寸 66.4 mm × 46.28 mm 及 4-R6.04 (4) 粗、精铣正六方台到边长尺寸为 15.85 mm
			(5) 依次钻中心孔、φ5.7 mm 通孔，铰 φ6 mm 拉料杆孔，铰孔深度为 16 mm (6) 用 R3 球刀铣分流道，用 φ2 端铣刀铣侧浇口 (7) 顶面不用加工，留余量用于合模修配
7		钳工	(1) 工件翻面，用麻花钻扩中间 φ7 mm 孔到深度 32 mm (2) 打磨成型表面

10. 拉料杆零件简图与工序卡

拉料杆零件简图如图 2-15 所示，工序卡如表 2-10 所示。

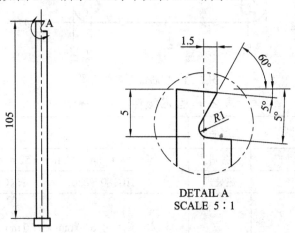

图 2-15　拉料杆零件简图

表 2-10　拉料杆零件工序卡

序号	工 序 简 图	工序名称	工 序 内 容
1		备料	标准顶杆 φ6 mm × 150
2		线切割	割端部拉料钩形

11. 标准外购件定位圈与浇口套的实物图片(如图 2-16 所示)

图 2-16　标准外购件定位圈与浇口套实物

2.3　控制盒盖注塑模具制造

控制盒盖注塑模具由学生自行设计与制造,除内六角螺钉、定位圈需要外购之外,所有零件均为自制。

塑件采用一模一腔成型,型腔设置在模具中间,产品中心线与模具中心线重合;曲面分型;浇注系统采用大水口,半圆形分流道,侧浇口形式;推出方式为推杆推出,模架规格 2015,动、定模板尺寸 200 mm × 150 mm × 40 mm,垫块厚度 60 mm。

主要零件包括:

①—定模座板、②—定模(A)板、③—动模(B)板、④—垫块、⑤—动模座板、⑥—推杆固定板、⑦—推板、⑧—型芯、⑨—复位杆、⑩—浇口套、⑪—导柱、⑫—导套、⑬—推杆、⑭—拉料杆、⑮—支承钉等。如图 2-17 和图 2-18 所示。

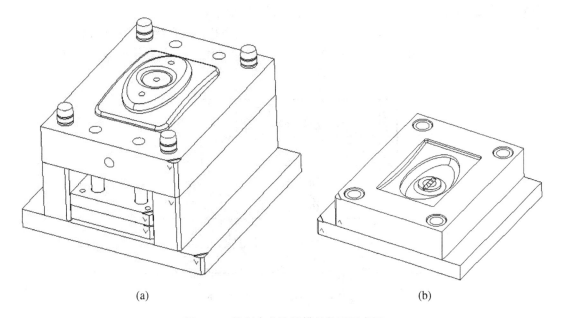

(a)　　　　　　　　　　　　　　　　(b)

图 2-17　控制盒盖注塑模具装配示意图

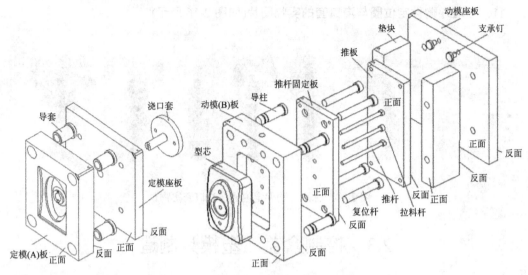

图 2-18　控制盒盖注塑模具组装正反面标识图

2.3.1　模具制造常用工艺策略

模具属单件小批量生产，在制造过程中模具零件并非各自独立地按图纸加工之后再进行组装，而是通常会运用到一些工艺策略(经验方法)进行模具加工，这种方式有别于普通批量生产方式，能够有效地提高加工效率、保证模具质量、降低生产成本。

1. 组合加工

为了提高模具零件的加工效率和减少出错，常采用组合加工的方法。

(1) 模具孔系加工。组合几个模具零件一起钻孔加工，能够减少钳工划线、定位装夹、更换刀具等辅助时间，还能有效地保证孔系位置度的要求。

例如，推板和推杆固定板合钻螺钉孔系(包括螺纹底孔、螺钉避孔、沉头孔)；浇口套和定模板合钻螺钉孔系；推杆固定板和动模板、型芯三件合钻推杆孔系，如图 2-19 所示。

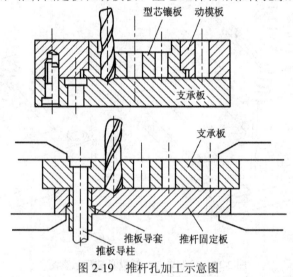

图 2-19　推杆孔加工示意图

(2) 合铣合磨。平板类的模具零件较多，如果模具零件的长宽尺寸一致，厚度不同，则可以将模具零件组合在一起，进行周边的铣削加工；如果模具零件厚度一致，长宽尺寸不同，对平行面有要求，则可以将其排放在平面磨床上，进行磨削加工。

例如，将动模板和定模板组合在一起铣周边，铣基准边；将推板和推杆固定板、定模座板和动模座板、两个垫块组合在一起铣周边(4 个侧面)。将定模座板和动模座板、两个垫块组合磨平面(平面磨床工作台面积要足够大)。

(3) 按顺序组合加工。如果单独对模具零件的某些部位进行加工，则很难装夹也难以准确定位，如果按照先后顺序将相关的模具零件组装在一起再进行加工，就容易很多，还能避免单独加工所产生的误差累积。

例如，浇口套小端面上的分流道加工，要单独进行加工比较困难，而且模具装配时也容易出现分流道错位。需要将浇口套(预留长度)、定模座板、定模板组装好，装定位销，一起装上铣床加工顶面、分流道和侧浇口。

斜顶、推杆的顶部是曲面形状，并要求与模具型芯外形轮廓保持一致，如果单独进行加工将无法定位，也难以夹紧。需要将斜顶、推杆(预留长度)装入推杆固定板，其中推杆为了防止转动先做限位(如图 2-20 所示)，安装好推板后，组装好型芯、动模板、垫块、支承钉、动模座板等，整体装上数控铣床才能加工出斜顶、推杆的顶部曲面。

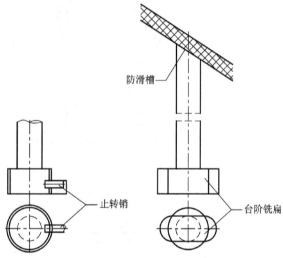

图 2-20　推杆止转示意图

对于支承钉顶面的磨削加工，通常将多只支承钉敲入动模座板对应孔中，整体装上平面磨床，磨平顶面。

2．模具配作

模具是单件小批量生产，通常制造周期紧迫，因此模具零件并不需要严格按照公差配合要求，达到完全互换。对于有配合要求的模具零件优先采用基孔制进行配作，以降低加工难度，有效缩短生产周期，并且也不会对模具质量造成影响。

例如先钻铰导柱孔，再磨配导柱外圆；先钻铰导套孔，再磨配导套外圆；先钻铰定模板上的浇口套孔，再车配或磨配浇口套外圆；先钻铰复位杆孔，再车配或磨配复位杆外圆；先铣好动模板的型芯安装凹槽，再铣配型芯四边。

在模具配作过程中要注意"宁紧勿松",配合过紧可以去除材料,减少镶件或轴类零件的体积,采用车、铣、磨等加工方法很容易调整;如果配合过松,就要增加材料,加大相应零件的体积,采用镀层、堆焊或报废零件重新加工等方法,不仅会增加制造成本,影响模具质量,而且延误生产周期。

模具配作,还需要做好零件标识,检测记录在案,方便以后修模、改模。

3. 模具避空

为了合理降低对模具加工精度的要求,减少零件装配累积误差影响,缩短加工时间,通常在可能发生配合干涉的地方需要做出模具避空位。

例如,推杆仅顶部一小段需要配合,其他位置可以避空,能减少摩擦,防止推杆被卡死,如图 2-21 所示;螺钉的安装孔径及沉头孔径分别大于螺纹外径、内六角头部外径,可以避免螺纹底孔不垂直造成螺钉不能收紧,如图 2-22 所示;定模座板的浇口套安装孔径大于浇口套的外径,以避免装配干涉;型芯的四边圆角大于动模板的固定凹槽圆角,型芯的底面周边要倒钝角,以方便安装,还能避免凹槽底部圆角影响装配。

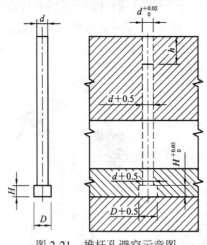

图 2-21   推杆孔避空示意图

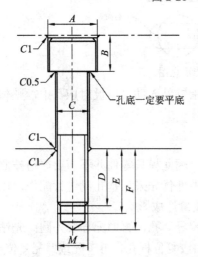

M	A	B	C	D	E	F
M3	6.5	4	3.5	8	10	12
M4	8.0	5	4.5	8	10	12
M5	9.5	6	5.5	10	12	16
M6	11	7	6.5	10	12	18
M8	15	9	8.5	13	15	23
M10	18	11	10.5	15	18	28
M12	20	13	13	18	21	28
M14	23	15	15	20	23	30
M16	26	17	17	22	25	33
M20	32	21	21	30	35	43

图 2-22   螺纹孔系加工规格示意图

4．零件标识

模具零件加工之前要及时做好零件标识，包括零件编号、基准角、模具装配正反面等，方便在加工操作时识别，这将明显减少出错，提高生产效率。模具图纸建议按基准角采用坐标法进行尺寸标注，如图 2-23 所示，以方便数控编程及检验测量。

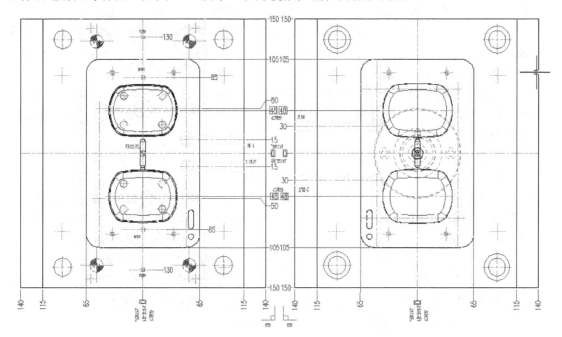

图 2-23　模具图纸尺寸标注示意图

模具组装与模板零件正反面标识如图 2-18 所示。

5．加胶容易减胶难

注塑模具通过分型面合模在模具型腔和型芯之间形成密闭空间，然后注入塑料生产出制件，塑料件的壁厚(胶位)来自型腔与型芯的间隙。如果要增加塑料件壁厚(加胶)，只需通过去除模具材料，减少型芯体积或扩大型腔体积，采用数控加工等方法就可以相对容易地实现；如果要减少塑料件壁厚(减胶)，就要增加模具材料，扩大型芯体积或减少型腔体积，实现起来非常困难，需要根据实际情况，采用镀层、堆焊、镶件或报废工件重新加工等方法才能实现。这不仅会增加生产成本，降低模具质量，而且延误生产周期。因此在模具制造中要有一定的预见性，根据"加胶容易减胶难"原则，控制好模具零件的相关尺寸。一般而言型腔取下偏差，型芯取上偏差，为试模后修改预留加工量。

6．模具加工出错的补救

由于模具是单件生产，工序多，周期紧。而加工出错实际上不可能完全杜绝。如果一有出错，动辄报废模具零件重新买料加工，必然造成生产周期延长，成本上升。因此需要针对出错情况具体分析，具体处理，合理补救。实在万不得已，才能报废重做。

模具构成可简单分为成形部位(与塑料件直接接触)和非成形部位(起定位、导向、支承等作用)。一般对于非成形部位的出错，可以由模具生产企业内部自行决定处理；而成形部位出错直接关系到塑料件的形状、尺寸，需要与客户的产品设计开发人员进行沟通协商，取得同意才能处理。

对于由于意外碰撞等原因造成很小损坏的部位，一般都可以采用烧氩弧焊进行填补。但要注意避免烧焊时产生气孔、夹渣等缺陷，否则精加工后还要重新烧焊。但是对于型腔烧焊相当于局部淬火，会造成表面硬度不均匀，抛光时容易发生变形、表面粗糙度不一致等问题，影响塑件的外观质量，需要慎重处理。透明塑料件的型腔严禁烧焊补救。

对于较大部位出现的加工出错损坏，一般可以采用镶件或镶针(圆形镶件方便加工)进行处理，要注意避开冷却水道、推杆孔、螺钉孔等部位。但是型腔镶件后，塑料件容易在镶拼处产生镶接痕，影响外观质量，要征求客户意见后慎重处理。

还可以采用降低模具分型面重新加工型腔或型芯的方法，对较大范围的加工出错进行补救。但是要注意保证因此造成的模具强度、刚性下降在可以接受的范围，例如 30 mm 厚的型腔板可降低至 27 mm。

对于非成形部位的加工出错，在不影响模具正常使用的情况下，可以将错就错，更改模具设计予以处理补救。例如推杆孔位置偏移，螺钉沉头孔直径过大、过深等，可以接受此结果，不必重新加工；又如镶件安装凹槽尺寸过大、过深，而镶件尚未加工，余量又足够，则可更改镶件的相关尺寸，保证能够与之配合即可；例如将 $\phi6$ mm 的推杆孔加工至 $\phi6.5$ mm，不必烧焊或镶件，只需要将 $\phi6.5$ mm 孔扩孔铰孔至 $\phi8$ mm，然后改用 $\phi8$ mm 推杆，甚至有时模具成形部位出错，例如塑件加强筋位置偏移量不大，在不影响塑件正常使用的情况下，可以征求客户同意，不必重新加工。在模具生产实践中，模具零件最终加工结果与当初的设计图纸总会有一定的出入，并非完全一致。这是由于模具单件生产不同于产品批量生产，加工出错后需要灵活采取合理的补救措施造成的。

2.3.2 编制控制盒盖注塑模具主要零件加工工艺流程

1. 定模座板

零件编号：4401　　　　　　　　责任人：

序号	工 序 简 图	工序名称	工 序 内 容
1		备料	下料 205 mm × 205 mm × 20 mm
2		铣	在卧式铣床上，铣周边(与动模座板组合)到尺寸 200 mm × 200 mm
3		磨	磨两大面见光

续表

序号	工 序 简 图	工序名称	工 序 内 容
4		钳	(1) 打零件编号与标识 (2) 划线、钻中间 φ17 mm 通孔
			(3) 划线，钻出 4-M10 螺钉安装台阶孔(与定模板组合)，并完成定模板的 4-M6 螺纹底孔加工
			(4) 定模座板与定模板组合，上螺钉锁紧 (5) 浇口套划线，钻 2-M6 螺纹底孔(定模座板、定模板、浇口套组合)，并完成浇口套的螺钉安装台阶孔加工
			(6) 定模座板 2-M6 螺孔倒角攻丝

备注：(1) 零件编号从左往右数，第 1 位是所在班级，第 2 位是该班第几组，第 3、4 位由自己对零件进行编号。

(2) 坯料采用轧制板材，厚度按 5 mm 递增。为了减少加工量，直接磨大面。加工之后，模板实际厚度与图纸标注不符合，但不影响使用，可以接受此较大的误差。

(3) 数控机床有空时也可以加工孔系。

2．定模(A)板

零件编号：4402　　　　责任人：

序号	工 序 简 图	工序名称	工 序 内 容
1		备料	下料 205 mm × 155 mm × 40 mm
2		铣	在卧式铣床上，铣周边(与动模板组合)到尺寸 200.5 mm × 150.5 mm
3		磨	磨两大面，反面见光，正面全磨
4		铣	在卧式铣床上，精铣基准边(与动模板组合，正面贴合)到尺寸 200 mm × 150 mm。先精铣一侧面，再打表校直该精加工面，精铣另一相邻的侧面，保证垂直度

序号	工 序 简 图	工序名称	工 序 内 容
5		钳	在两基准边交角处作基准标识,打零件编号与标识
6		数控铣	(1) 正面装夹,按基准角摆放,顶面打校表平、校直基准边,基准角设为 xy 轴原点 (2) 依次钻中心孔,钻通 4-ϕ12 mm、ϕ16 mm、ϕ20 mm、ϕ24.5 mm 导套孔,铰通 4-ϕ25 mm 导套孔;依次钻中心孔,钻通中间 ϕ12 mm、ϕ15.5 mm 浇口套孔,铰通 ϕ16 mm 浇口套孔
			(3) 粗加工、半精加工、清角加工、精加工型腔
			(4) 反面装夹,按基准角摆放,顶面打校表平、校直基准边,基准角设为 xy 轴原点 (5) 铣出 4 个导套沉头孔
7		钳	(1) 组合定模板和定模座板,划线,钻 4-M10 螺纹底孔(与定模座板工序 4 相同) (2) 定模板 4-M10 螺孔倒角攻丝
8		钳	(1) 涂红丹,与动模合模修配 (2) 型腔抛光
9		数控铣	(1) 组装定模座板、定模板、浇口套,上螺钉锁紧 (2) 正面装夹,按基准角摆放,打校表平、校直基准边,基准角设为 xy 轴原点 (3) 铣分流道和侧浇口,同时完成浇口套的分流道加工

　　备注:如果卧铣有空,也可以先磨两大面,再上卧铣铣周边,在工作台安放挡铁(定位块),先铣一面,转 90°铣第二面,再转 90°铣第三面,校表第三面,铣第四面。第三面和第四面的交角就是基准角了,这样可以简化工序,直接进入第 4 道工序加工。

3．动模(B)板

零件编号：4403　　　　　　责任人：

序号	工 序 简 图	工序名称	工 序 内 容
1		备料	下料 205 mm × 155 mm × 40 mm
2		铣	在卧式铣床上，铣周边(与定模板组合)到尺寸 200.5 mm × 150.5 mm
3		磨	磨两大面，反面见光，正面全磨
4		铣	在卧式铣床上，精铣基准边(与定模板组合，正面贴合)到尺寸 200 mm × 150 mm。先精铣一侧面；再打表校直该精加工面，精铣另一相邻的侧面，保证垂直度
5		钳工	在两基准边交角处作基准标识，打零件编号与标识
6		数控铣	(1) 正面装夹，按基准角摆放，顶面打校表平、校直基准边，基准角设为 xy 轴原点 (2) 依次钻中心孔，钻通 ϕ12 mm、ϕ15.5 mm 导柱孔，铰通 4-ϕ16 mm 导柱孔 (3) 粗、精加工型芯安装槽，加工深度 20 mm。精加工时应先加工底面，后加工侧壁 (4) 反面装夹，按基准角摆放，顶面打校表平、校直基准边，基准角设为 xy 轴原点 (5) 铣 4 个导柱沉头孔 (6) 钻 4-M6 型芯螺钉安装台阶孔，保证与型芯螺孔的位置一致 (7) 钻 4-M10 螺纹底孔，保证与动模座板锁紧螺钉安装台阶孔的位置一致
7		钳工	4-M10 螺孔倒角攻丝

序号	工 序 简 图	工序名称	工 序 内 容
8		数控铣	(1) 组装型芯和动模板，上螺钉锁紧，推杆固定板安装在动模板上对齐中心线。此工序同时完成型芯、动模板和推杆固定板的关联孔系加工 (2) 反面装夹，按基准角摆放，顶面打校表平、校直动模板基准边，基准角设为 xy 轴原点 (3) 依次钻中心孔，钻通 4-ϕ10 mm、ϕ11.8 mm 复位杆孔，铰通 4-ϕ12 mm 复位杆孔，钻出 4 个复位杆台阶沉头孔
			(4) 钻 2 个推杆和中间拉料杆的避空孔，并钻出拉料杆沉头孔
			(5) 铣 2 个推杆止转凹槽
9		钳工	划线，在摇臂钻床上钻孔、倒角、攻丝加工吊环 2-M14 螺孔

备注：如果卧铣有空时，也可以参考定模板加工的备注，简化工序进行加工。

4. 垫块

零件编号：4404　　　　　责任人：

序号	工 序 简 图	工序名称	工 序 内 容
1		备料	下料 205 mm × 65 mm × 30 mm(两件)
2		铣	在卧式铣床上，铣周边(两个垫块组合)到尺寸 200 mm × 60.3 mm
3		铣	铣两大面，到尺寸 205 mm × 65 mm × 28 mm

续表

序号	工 序 简 图	工序名称	工 序 内 容
4		磨	按照模具装配位置摆放加工，磨正面和反面(两个垫块组合)到尺寸 200 mm × 28 mm × 60 mm
5		钳	(1) 打零件编号与标识 (2) 划线、钻孔加工 2-M10 螺钉避空孔，保证与动模座板螺钉安装台阶孔的位置一致 (3) 模具装配时垫块外观应整齐，试模时不得阻碍推板运动

5. 动模座板

零件编号：4405　　　　责任人：

序号	工 序 简 图	工序名称	工 序 内 容
1		备料	下料 205 mm × 205 mm × 20 mm
2		铣	在卧式铣床上，铣周边(与定模座板组合)到尺寸 200 mm × 200 mm
3		磨	磨两大面见光
4		钳	(1) 打零件编号与标识 (2) 划线，钻孔加工 4-M10 螺钉安装台阶孔，保证与动模板螺孔的位置一致 (3) 划线，钻通 4-ϕ8 mm 支承钉孔
5		车	上四爪卡盘，划针找正中心，钻、镗加工中间 ϕ50 mm 顶出孔；或在数控铣上铣出中间 ϕ50 mm 孔
备注：数控机床有空时也可以加工孔系。			

6. 推杆固定板

零件编号：4406　　　　　　　责任人：

序号	工 序 简 图	工序名称	工 序 内 容
1		备料	下料 205 mm × 95 mm × 15 mm
2		铣	在卧式铣床上，铣周边(与推板组合)到尺寸 200 mm × 90 mm
3		磨	磨两大面见光
4		钳	打零件编号与标识
5		数控铣	(1) 组装型芯和动模板，上螺钉锁紧，推杆固定板安装在动模板上对齐中心线。此工序同时完成型芯、动模板和推杆固定板的关联孔系加工(与动模板工序 9 相同) (2) 反面装夹，按基准角摆放，顶面打校表平、校直动模板基准边，基准角设为 xy 轴原点 (3) 依次钻中心孔，钻通 4-ϕ10 mm、ϕ11.8 mm 复位杆孔，铰通 4-ϕ12 mm 复位杆孔，钻出 4 个复位杆台阶沉头孔 (4) 钻 2 个推杆和中间拉料杆的避空孔，并钻出拉料杆沉头孔 (5) 铣 2 个推杆止转凹槽

续表

序号	工 序 简 图	工序名称	工 序 内 容
6		钳	划线，钻 4-M6 螺纹底孔(与推板组合)，并完成推板 4-M6 螺钉安装台阶孔的加工
			4-M6 螺孔倒角攻丝

7. 推板

零件编号：4407　　　　责任人：

序号	工 序 简 图	工序名称	工 序 内 容
1		备料	下料 205 mm × 95 mm × 15 mm
2		铣	在卧式铣床上，铣周边(与推杆固定板组合)到尺寸 200 mm × 90 mm
3		磨	磨两大面见光
4		钳	打零件编号与标识
5		钳	划线，钻 4-M6 螺钉安装台阶孔(与推板组合)，同时完成推杆固定板 4-M6 螺纹底孔的加工

8. 型芯

零件编号：4408　　　　责任人：

序号	工 序 简 图	工序名称	工 序 内 容
1		备料	下料 125 mm × 85 mm × 45 mm
2		磨	磨两大面见光

序号	工 序 简 图	工序名称	工 序 内 容
3		数控铣	(1) 台钳装夹，打表校平顶面，分中碰数 (2) 粗、精铣周边，保证与动模板型芯安装槽配合，加工深度 25 mm (3) 钻 4-M6 螺纹底孔，保证与动模板内腔对应的螺钉安装台阶孔位置一致
4		钳	(1) 4-M6 螺孔倒角、攻丝加工 (2) 修配型芯周边与动模板凹槽侧壁，符合配合要求 (3) 型芯周边倒角，涂红丹，用铜棒将其敲入动模板凹槽，以验证是否完全贴合；或听敲击声辨别是否明显变低沉
5		数控铣	(1) 组装型芯和动模板，上螺钉锁紧 (2) 正面装夹，按基准角摆放，动模板顶面打校表平，校直动模板基准边，基准角设为 xy 轴原点 (3) 钻铰拉料杆孔、推杆孔(型芯顶部是曲面，孔加工需要提前) (4) 粗加工、半精加工、清角加工、精加工型芯
6		数控铣	(1) 组装型芯和动模板，上螺钉锁紧，推杆固定板安装在动模板上对齐中心线。此工序同时完成型芯、动模板和推杆固定板的关联孔系加工(与动模板工序 9 相同) (2) 反面装夹，按基准角摆放，顶面打校表平、校直动模板基准边，基准角设为 xy 轴原点 (3) 钻 2 个推杆和中间拉料杆的避空孔，并钻出拉料杆沉头孔
7		钳	(1) 涂红丹，与定模合模修配 (2) 型芯抛光去刀纹

9．复位杆

零件编号：4409　　　　责任人：

零件示意图	序号	工序名称	工 序 内 容
	1	备料	下料 ϕ20 mm 棒料
	2	车	(1) 车端面、打中心孔 (2) "一夹一顶"装夹，粗车外圆、精车外圆 ϕ12 mm，与动模板的复位杆孔配合 (3) 车台阶 (4) 切断
	3	车	掉头装夹，实测推杆固定板的复位杆沉孔深度，精车端面，保证台阶高度尺寸与其一致
	4	车	实测组装后的模具高度，精车端面，保证复位杆长度(复位杆顶端要与动模板平齐，约高出 0.1 mm)

10．浇口套

零件编号：4410　　　　责任人：

序号	工 序 简 图	工序名称	工 序 内 容
1		备料	下料 ϕ85 × 70
2		车	(1) 车端面、打中心孔 (2) "一夹一顶"装夹，粗车外圆、精车外圆 ϕ16 mm，与定模板的浇口套孔配合 (3) 车台阶，精车台阶外圆 ϕ80 mm，与定位环内孔配合
			(4) 掉头车端面 (5) 用成型车刀车球面
			(6) 钻铰内锥孔 (7) 抛光内锥孔

序号	工 序 简 图	工序名称	工 序 内 容
3		钳	(1) 与定模座板与定模板组合，上螺钉锁紧，打入浇口套(与定模座板工序 4 相同) (2) 浇口套划线，钻出 2-M6 螺钉安装台阶孔
4		车	实测组装后模具高度，车小端面，保证浇口套长度(浇口套小端面与定模板型腔内凸台平齐)
5		数控铣	(1) 组装定模座板、定模板、浇口套，上螺钉锁紧(与定模板工序 9 相同) (2) 正面装夹，按基准角摆放，打校表平、校直基准边，基准角设为 xy 轴原点 (3) 铣出分流道

11. 导柱

零件编号：4411　　　　责任人：

零件示意图	序号	工序名称	工 序 内 容
	1	备料	下料 $\phi 35$ mm 棒料
	2	车	(1) 车端面、打中心孔 (2) "一夹一顶"装夹，车外圆，留磨削余量 0.4 mm (3) 车台阶 (4) 切砂轮退刀槽 (5) 倒角 (6) 车槽 (7) 切断
	3	车	(1) 掉头粗车端面、打中心孔 (2) 实测动模板的导柱沉头孔深度，精车端面，保证台阶高度尺寸与其一致
	4	热处理	淬火
	5	钳	研中心孔
	6	磨	磨外圆 $\phi 16$ mm，与动模板的导柱孔配合

12. 导套

零件编号：4412　　　　责任人：

零件示意图	序号	工序名称	工 序 内 容
	1	备料	下料 $\phi45$ mm × 50
	2	车	(1) 车端面 (2) 车外圆，留磨削余量 0.4 mm (3) 切砂轮退刀槽 (4) 钻孔，扩孔 (5) 镗内孔，留磨削余量 0.4 mm (6) 倒角
	3	车	(1) 掉头车台阶外圆 (2) 实测定模板的导套沉头孔深度，精车端面，保证台阶高度尺寸小于深度 0.5 mm
	4	热处理	淬火
	5	磨	(1) 磨内孔 $\phi16$ mm，与导柱外圆面配合 (2) 内孔穿心轴磨外圆 $\phi25$ mm，与定模板导套孔配合

13. 推杆

零件编号：4413　　　　责任人：

序号	工 序 简 图	工序名称	工 序 内 容
1		备料	下料 $\phi15$ mm 棒料
2		车	(1) 车端面、打中心孔 (2) "一夹一顶"装夹，粗车外圆，精车外圆，与型芯推杆孔配合 (3) 车台阶 (4) 切断
3		车	实测推杆固定板的推杆沉头孔深度，掉头车端面，保证台阶高度尺寸与其一致
4		铣	铣推杆扁位，与推杆固定板的止转凹槽配合
5		钳	(1) 模具组装后，用砂轮机打磨推杆顶部，与型芯外形曲面一致，允许高出型芯 0.1 mm (2) 在推杆顶面刻出 2～3 道小槽，防止推出塑料件时打滑

14. 拉料杆

零件编号：4414　　　责任人：

零件示意图	序号	工序名称	工序内容
	1	备料	下料 ϕ15 mm 棒料
	2	车	(1) 车端面、打中心孔 (2) "一夹一顶"装夹，粗车外圆，精车外圆，与型芯推杆孔配合 (3) 车台阶 (4) 切断
	3	车	实测推杆固定板的拉料杆沉头孔深度，掉头车端面，保证台阶高度尺寸与其一致
	4	钳	在砂轮机上打磨出 Z 字槽

15. 支承钉

零件编号：4415　　　责任人：

序号	工序简图	工序名称	工序内容
1		备料	下料 ϕ15 mm 棒料
2		车	(1) 车端面 (2) 车外圆 ϕ8 mm，与动模座板的支承钉孔过盈配合 (3) 车台阶 (4) 倒角 (5) 切断
3		车	掉头车端面、倒角
4		磨	将 4 只支承钉敲入动模座板对应孔之后，整体上平面磨床，磨平顶面

2.4　编制注塑模具生产进度总表

模具编号：　　　　　模具名称：　　　　组长：　　　　　组员：

计划日期	工作主要内容	责任人	实际完成情况	备注
第 1 周	小组对模具制造方案进行讨论与定稿，本周工作计划安排			
	动模板、定模板、推件板的基准边加工			
	定模板型腔的数控加工			
	浇口套、导柱、导套、复位杆等除需要配合以外的车削加工			
	型芯、型腔镶件、定模座板、动模座板、垫块、支承板、推板、推杆固定板的铣周边			
第 2 周	小组对上周工作总结与本周工作计划安排			
	推件板、动模板的数控加工			
	型芯的数控加工			
	浇口套、导柱、导套、复位杆等需要配合部位的车削加工			
	定模座板、动模座板、垫块、支承板、推板、推杆固定板除需要配合以外的普通机械加工			
	导柱、导套的热处理			
第 3 周	小组对上周工作总结与本周工作计划安排			
	型芯、型腔镶件的数控加工			
	导柱与动模板孔位配磨，导柱与导套配磨，导套与动模板和推件板孔位配磨			
	浇口套与定模板、定模座板的数控铣组合加工，支承板、推杆固定板、型芯、动模板等的数控铣组合加工			
	复位杆、推杆、拉料杆等需要配合部位的车床加工			
	模具修整抛光			
第 4 周	小组对上周工作总结与本周工作安排			
	模具装配，合模(注意推杆、推件板、浇口套等高度位置的调整)			
	试模前检验，注塑机试模			
	改模后再次试模			
	填写相关文件报告			
	小组总结汇报，组员内部评分			

编制：　　　　　　　　　　　批准：

第 3 章 模具加工作业指导

3.1 车床加工作业指导

车床是以工件旋转为主运动，主要用于加工轴、盘、套和其他具有回转表面的工件。在模具制造中主要用于加工导套、导柱、推杆、顶杆以及具有回转表面的型腔、型芯及镶件，还包括内外螺纹等模具零件的车削加工。

3.1.1 车床操作维护保养规程

1. 目的

为确保车床能正常使用，延长其寿命。有效地提高加工品质及效率。

2. 适用范围

适用于车床设备。

3. 操作步骤

(1) 开机前检查电源开关；

(2) 开机后，首先慢速空转 3 分钟；

(3) 检查大、中、小拖板是否正常；

(4) 戴好防护眼镜；

(5) 夹紧工件，车细长轴时，要使用跟刀架及尾座中心顶尖；

(6) 测量尺寸时一定要先停机，后测量；

(7) 夹工件和落下工件时，都要挂空挡；

(8) 如需变速，则应先停机再调整变速手柄；

(9) 车螺纹时，先看螺距表，再搭挂轮；

(10) 人离机停，关好电源。

4. 注意事项

(1) 车床的旁边严禁站人，以免铁屑飞出伤人；

(2) 工件一定要夹紧、夹正(细长轴一定要用尾座顶住)；

(3) 机器在运转时，工作人员不得离开或与旁人交谈，以免发生撞刀现象。

5. 维护保养(如表 3-1 所示)

表 3-1 车床维护保养

序号	维护保养项目	维护保养方法	周期	责任人
1	导轨	清洁加油	每日	机床操作员
2	丝杆、光杆	检查运转是否正常	每日	机床操作员
3	大、中、小拖板	检查是否正常并及时加油	每日	机床操作员
4	尾座	检查中心高度	每周	机床操作员

3.1.2 车内、外圆作业指导

1. 操作前的准备工作

(1) 看清图纸或工作单，了解加工内容及确定加工工序；

(2) 准备所需的刀具、量具及其他工具；

(3) 检查车床的机械性能。

2. 操作步骤

(1) 装夹工件并校正；

(2) 加工装夹端(基准端)，及钻孔加工；

(3) 调头校正工件加工端面(打中心孔等)；

(4) 粗加工(留余量)；

(5) 精加工到图纸要求的尺寸。

3. 质控要求

(1) 内、外圆同轴度不超过 ± 0.02 mm，垂直度 ± 0.01 mm；

(2) 内径、外径尺寸保证在 ± 0.02 mm 以内并同心。

4. 注意事项

(1) 注意装夹力度，不要夹坏工件；

(2) 粗加工之后，要先冷却再精加工；

(3) 加工内圆时要先钻孔后车削；

(4) 细长工件要用顶锥装夹；

(5) 质量要求高的工件尽量一次性加工完成，不要调头再加工。可以预留工艺头装夹，最后切断。

3.1.3 车端面作业指导

1. 操作前的准备工作

(1) 看准图面上的尺寸；

(2) 检查中拖板是否正常；

(3) 找到车端面的刀具。

2．操作步骤

(1) 把工具装夹好；

(2) 粗车端面；

(3) 精车端面。

3．质控要求

(1) 车端面垂直度为 0.02～0.03 mm；

(2) 粗车完成之后，用锋利的新刀精车端面；

(3) 注意避免刀锋磨损或烧坏，从而造成将端面车成凸圆弧形状。

4．注意事项

(1) 如果端面不垂直，装模就有其他不良的现象产生；

(2) 如果端面不平，则可能造成水路的密封圈封不住水而出现泄漏现象；

(3) 在拆卸工件时，注意不要把端面碰损。

3.1.4　车螺纹作业指导

1．操作前的准备工作

(1) 看清图纸或工作单，了解加工内容，确定加工工序；

(2) 准备所用的螺纹角度刀、量具及其他工具；

(3) 检查车床的机械性能。

2．操作步骤

(1) 装夹好工件，装夹好螺纹刀，以工件端面为基准对照并调校好角度；

(2) 根据图纸要求的螺距对照螺纹表找到螺距资料，调整交换齿轮箱的挂轮及进给箱的手柄位置；

(3) 试切螺纹前，应停机检查螺距是否正确；

(4) 最后精加工用左右切削方法，精光螺纹两壁，使其粗糙度符合要求。

3．质控要求

(1) 螺杆与螺母配合间隙为 0.1 mm；

(2) 螺纹角度要正确，表面光洁，角度偏差不超过 0.1°。

4．注意事项

(1) 注意回车退出时，应同时进行退刀与回车，以避免碰伤螺纹；

(2) 在加工之前要先检查车床的机械性能和操纵杆性能；

(3) 对刀取角度时，一定要摆放正确刀具位置。

3.2　铣床加工作业指导

铣床是以铣刀旋转为主运动，工作台沿 x 轴、y 轴、z 轴等方向作进给运动的切削加工机床。大多数模具零件都需要利用万能摇臂铣床进行平面加工、孔系加工、沟槽加工、曲面以及成型表面加工，铣床在模具制造中应用较为广泛。

3.2.1　铣床操作维护保养规程

1. 目的

为确保铣床能正常使用，延长其寿命；有效地提高加工品质及效率。

2. 适用范围

适用于铣床设备。

3. 操作步骤

(1) 检查电源开关和铣床零件的完好及松紧程度；

(2) 检查机床周围及机床上有无杂物并及时清理干净；

(3) 主轴换挡变速步骤：停机—松开固定把手—换皮带—转换快慢挡手柄—锁紧；

(4) 进给换挡变速步骤：调整齿合开关—调升降速度挡位—调整固定螺母；

(5) 调整主轴与工作台垂直度步骤：将百分表固定在主轴端面—松开主轴箱(横向) 4 个螺母—打表—锁紧螺母—松开摇臂(纵向) 3 个螺母—打表—锁紧螺母；

(6) 检查电子尺显示器开关及测量 x 轴、y 轴是否准确后方可使用；

(7) 检查以上各步骤；

(8) 正确装夹刀具；

(9) 开机加工。

4. 注意事项

(1) 用飞刀(刀粒式立铣刀)加工时一定要戴防护眼镜；

(2) 工件一定要夹紧，在加工过程中不能用手触摸刀具；

(3) 测量工件时一定要关机；

(4) 在加工时，机床主轴不可伸太长，否则容易引起机头摆动过大影响加工精度；

(5) 调快慢挡时，一定要到位，否则容易损坏机床；

(6) 刀具要锁紧，否则会掉刀从而影响模具加工；

(7) 在加工时要选择正确的方向进行切削，否则引起抢刀；

(8) 用分中棒(寻边器)分中时，要检查零位是否正确；

(9) 人离机停，工具摆放整齐。

5. 维护保养(如表 3-2 所示)

表 3-2　铣床维护保养

序号	维护保养项目	维护保养方法	周期	责任人
1	开机前向各润滑点加油	用机床导轨油 ISOVG68	每日	铣床组组长
2	每日需将机器清洗并上油	清洗用金属净洗剂(防锈型)加水，上油用 WD40 防锈油	每日	铣床组组长
3	电子尺	检查开关是否正常，读数是否准确	每周	铣床组组长
4	台钳	检查丝杆及丝母是否存在虚位	每日	铣床组组长
5	分度头转盘	检查传动是否准确	每日	铣床组组长

3.2.2 动模板与定模板(A、B 板)开框铣槽作业指导

1. 操作前的准备

图纸、飞刀(刀粒式立铣刀)、高速钢铣刀、钻夹头等。

2. 操作步骤

(1) 看清图纸要求，校正铣床主轴头垂直度；

(2) 将 A、B 板底座平放上铣床校直基准边，校平顶面之后用码铁锁紧，压板要基本水平，螺栓基本垂直，垫块要低于工件高度 0.1 mm 左右，注意 A、B 板正反方向以及基准标识与图纸应一致；

(3) 用分中棒分中，用点冲划线深 0.2 mm，小于尺寸线每边 0.3～0.5 mm；

(4) 如果图纸要求 4 角避空时，需钻 $\phi10\sim12$ mm 孔；

(5) 在其中一角钻一个孔用于飞刀垂直下刀，深度留 0.5 mm；

(6) 用 $\phi20$ mm 粗皮铣刀四周粗铣留单边 2 mm；

(7) 用飞刀将中间凸处铣削掉，如果是通框可以省略此步骤；

(8) 用旧的 $\phi20$ mm 铣刀粗加工，单边留 0.2 mm，深度留 0.2 mm 余量；

(9) 重新校正铣床主轴头，校直 A、B 板；

(10) 用半新铣刀铣单边留 0.05 mm；

(11) 用卡尺、千分尺检查测量凹槽中心到基准边的位置度；

(12) 用新铣刀按图纸精加工到尺寸；

(13) 自检。

3. 质控要求

(1) 长度 + 0.04 mm，宽度 + 0.04 mm，深度 − 0.05 mm；

(2) 位置度误差 0.02 mm；

(3) 与基准边的平行度 0.02 mm。

4. 注意事项

(1) 飞料时配戴防护眼镜，加工中不要带手套；

(2) 切削加工前要夹紧刀具和工件；

(3) 开粗及精铣要按逆时针方向(逆铣)进行，防止抢刀；

(4) 使用粗皮刀要加冷却水。

5. 设备、工具

铣床、校表(百分表和表座)、码铁(包括压板、T 形槽螺母、螺栓、锁紧螺母、垫块等通用夹具组合)、量块、千分尺、卡尺等。

6. 设备工艺参数(如表 3-3 所示)

表 3-3　刀具的转速标准

类别	直径 mm	转速/(r/min)	被加工工件材质	刀刃数
铣刀	$\phi 12$	666～1150	中碳钢	4
铣刀	$\phi 16$	325～660	中碳钢	4
铣刀	$\phi 20$	215～420	中碳钢	4
铣刀	$\phi 25$	215～420	中碳钢	4

3.2.3　铣削加工电极作业指导

1. 操作前的准备

图纸、铣刀、铜料、校表、卡尺等。

2. 操作步骤

(1) 清理工作台杂物,校正铣床头,校正并锁紧虎钳;

(2) 夹紧铜料,铣平基准后翻过来,先粗加工再精加工。

3. 质控要求

(1) 粗加工余量两边留 0.4～0.6 mm,精加工两边留 0.15～0.2 mm;

(2) 铣好电极基准边供放电加工时分中及校表用;

(3) 尺寸要求 ±(0.03～0.05)mm。

4. 注意事项

(1) 铜料要夹紧;

(2) 不准带手套加工;

(3) 电极加工完之后,测量尺寸要停机测量。

5. 设备、工具

铣床、台钳、卡尺、垫块等。

6. 设备工艺参数(如表 3-4 所示)

表 3-4　铣削加工电极工艺参数

刀径/mm	转速/(r/min)	刀刃数
$\phi 4$	2230～2730	4
$\phi 5$	1750～2230	4
$\phi 6$	1115～1750	4
$\phi 8$	1115～1750	4
$\phi 10$	660～1115	4
$\phi 12$	660～1115	4
$\phi 16$	660～1115	4
$\phi 20$	660～1115	4

3.2.4　镗孔作业指导

1. 操作前的准备

镗杆、镗刀、卡尺、中心钻、钻头、直角尺、校表等。

2. 操作步骤

(1) 校正铣床主轴头；

(2) 校直工件基准边，校平工件顶面并夹紧；

(3) 打中心孔；

(4) 钻孔开粗；

(5) 镗孔；

(6) 自检。

3. 质控要求

(1) 椭圆度：0.03 mm；

(2) 粗糙度：6.3 μm；

(3) 垂直度：0.02 mm。

4. 注意事项

(1) 镗孔时切勿戴手套；

(2) 要注意加水或加油；

(3) 量尺寸要停机；

(4) x、y 轴要锁紧。

5. 设备、工具

铣床、镗杆、校表等。

6. 设备工艺参数(如表 3-5 所示)

表 3-5　镗孔工艺参数

工件内容	转速/(r/min)	加 工 余 量	
		粗镗/mm	精镗/mm
镗孔	125～420	1～2	0.5～0.2

3.3　钻孔加工作业指导

3.3.1　钻床操作维护保养规程

1. 目的

为确保钻床能正常使用，延长其寿命；有效地提高加工品质及效率。

2．适用范围

适用于钻床设备。

3．操作步骤

(1) 开机前检查电源线路是否完好；

(2) 看清图纸和中心点是否与加工点吻合；

(3) 在斜面上钻孔，一定要先用铣刀铣出一个平台才能用中心钻及钻头加工；

(4) 钻孔加工步骤：先用中心钻钻出一个中心孔，再用麻花钻从小到大依次钻孔、扩孔。双边留 0.2 mm，最后用铰刀精铰孔；

(5) 在钻孔过程中一定要使用冷却水，还要钻钻停停，不断退出钻头来排铁屑，以避免钻头烧坏及卡断。

4．注意事项

(1) 在吊起模具上机加工时，应注意天车运行方向，模具不能碰撞机床；

(2) 在加工前一定要检查工件是否被锁紧，严禁用手握住工件进行加工；

(3) 加工前看清图纸和工件上画的线是否符合，如果发现问题要及时与上道工序负责人联系；

(4) 在加工之前应考虑好钻头的直径大小，相匹配的钻床转速是多少；如 ϕ50 mm 钻头应开 1 分钟 65 转，不能开得过快，否则很容易把钻头烧坏；

(5) 加工完成后一定要将机床清理干净，否则机床台面易生锈。

5．维护保养(如表 3-6 所示)

表 3-6　钻床维护保养

序号	维护保养项目	维护保养方法	周期	责任人
1	油路通畅	立柱后部油箱内加满润滑油，检查丝杆及导轨上应有润滑油流动；	每日	机床操作员
2	清扫机床	工件加工完成后，把铁屑清扫干净，工作平台上机油	每日	机床操作员

3.3.2　推杆孔加工作业指导

1．操作前的准备

图纸、中心钻、钻头、铰刀等。

2．操作步骤

(1) 校正铣床主轴头；

(2) 校直夹紧工件(用相等垫块两块)；

(3) 打中心钻；

(4) 钻孔，孔径 ϕ10 mm 以上还需要多次扩孔；

(5) 铰孔；

(6) 自检。

3．质控要求

(1) 孔径留 0.2 mm 余量进行铰孔；

(2) 粗糙度 1.6 μm；

(3) 孔径 + 0.02 mm。

4．注意事项

(1) 钻孔时切勿带手套；

(2) 钻头切削刃要磨对称；

(3) 钻孔加水，铰孔加油。

5．设备、工具

铣床或钻床、校表、分中棒等。

6．工艺参数(如表 3-7 所示)

表 3-7　推杆孔工艺参数

孔径/mm	钻头/mm	铰刀/mm	转速/(r/min)
$\phi4$	$\phi3.8$	$\phi4$	660
$\phi5$	$\phi4.8$	$\phi5$	660
$\phi6$	$\phi5.8$	$\phi6$	660
$\phi8$	$\phi7.8$	$\phi8$	420~660
$\phi10$	$\phi8$、$\phi9.8$	$\phi10$	420~660
$\phi12$	$\phi10$、$\phi11.8$	$\phi12$	420~660
$\phi16$	$\phi12$、$\phi15.5$	$\phi16$	420~660
$\phi20$	$\phi12$、$\phi16$、$\phi19.5$	$\phi20$	420~660

3.3.3　螺纹孔加工作业指导

1．操作前的准备

图纸、中心钻、钻头等。

2．操作步骤:

(1) 夹紧工件；

(2) 打中心孔；

(3) 钻底孔；

(4) 倒角 $1\times45°$ 或 $2\times45°$；

(5) 自检。

3．质控要求

(1) 底孔深度：螺距 $\times10+5$ mm；

(2) 按照工艺参数选择钻头直径。

4．注意事项

(1) 钻孔时切勿戴手套；

(2) 倒角 $1 \times 45°$ 或 $2 \times 45°$；

(3) 钻孔时要加冷却水。

5．设备、工具

钻夹头、铣床。

6．螺纹孔加工工艺参数(如表 3-8 所示)

表 3-8　螺纹孔加工工艺参数

普通螺纹	螺距/mm	钻底孔直径/mm	选用钻头直径/mm	底孔长度/mm	螺纹有效长度/mm
M5	0.8	4.2	4.2	12.5	8
M6	1	5	5～5.1	13	10
M8	1.25	6.75	6.7～6.8	16.5	12.5
M10	1.5	8.5	8.5～8.6	20	15
M12	1.75	10.25	10.3～10.4	23.5	17.5
M16	2	14	14～14.2	28	20
M20	2.5	17.5	17.5～17.7	35	25
M24	3	21	21～21.2	42	30
M30	3	27	27～27.3	45	30

3.3.4　冷却水道等孔系加工作业指导

1．操作前的准备

(1) 看清楚图纸及工作单，根据要求确定加工工序；

(2) 准备所需用具；

(3) 清洁清理工作台面，检查钻床的各机械性能。

2．操作步骤

(1) 将工件吊上钻床工作台，校正并锁紧工件。要对准水路位置，避免移位；

(2) 根据实际情况选择合适的钻头，水路孔一般选择直径为 8 mm 或 10 mm；

(3) 打中心孔—用短钻头钻孔—换用加长钻头钻孔—钻水路接头螺丝孔—倒角；

(4) 钻孔过程中要使用冷却水，还要不断的退出钻头，排出铁屑。

3．质控要求

(1) 加工深孔时，一定要选用短钻头，下压时用力要适度，不要太猛，避免深孔移位；

(2) 在通孔两边加工时，要注意两孔交接处易断钻头，用力需适度；

(3) 选择合理的转速，注意勤磨钻头；

(4) 转速要求(如表 3-9 所示)。

表 3-9　冷却水道等孔系的转速要求

钻头/mm	转速/(r/min)
$\phi6\sim8$	770
$\phi10\sim12$	535
$\phi15\sim18$	360
$\phi20\sim24$	260
$\phi25\sim30$	185
$\phi40$	125
$\phi50$	90
$\phi60$	65

4．注意事项

为了节省时间和提高加工效率，比较深的通孔一般都要从两边进行加工，当加工到两点交接的时候，特别容易弄断钻头。通常在这个时候就需要高度警惕，在快钻穿接通时要小心，只要再用一点点力就行了。

3.4　平面磨床加工作业指导

平面磨床以砂轮高速旋转为主运动，以砂轮架的间歇运动和工件随工作台的往复运动作为进给运动来完成工件的磨削加工。平面磨床主要进行模具零件水平面、垂直面、斜面的磨削加工，也可以通过对砂轮进行成型修整来完成形状较简单的曲面磨削。

3.4.1　平面磨床操作维护保养规程

1．目的

为确保磨床能正常使用，延长其寿命；有效地提高加工品质及效率。

2．适用范围

适用于磨床设备。

3．操作步骤

(1) 加工前检查机床油路是否通畅，电源是否正常；

(2) 检查机床台面有无杂物；

(3) 选择砂轮：根据加工零件的形状和材质选择合适的砂轮；

(4) 装入砂轮，拧紧螺母(砂轮必须预先校正平衡)，装上防护罩；

(5) 打开电源开关，修正砂轮；

(6) 检查磁盘平面度，磁盘边缘基准边直线度；

(7) 把加工零件放到磁盘平面，小心轻放，不要碰坏磁盘。磨小工件时一定要用垫块靠紧，垫块高度不能低于被加工零件高度的 2/3；

(8) 磨削可分为粗加工与精加工两个步骤：前者磨削量为 0.04～0.06 mm；后者磨削量

为 0.01～0.02 mm；

(9) 磨削工件相互垂直边用精密磨床台钳装夹，要校表和用直角尺检查；

(10) 磨斜面首先要校好斜度磁盘(正弦精密台钳或正弦磁盘)；加工 R 角时，要先在砂轮上修好 R 角再进行加工；

(11) 零件加工完之后检查尺寸是否符合规格；

(12) 清洁机床台面。

4. 注意事项

(1) 机床的左右方严禁站人，以免工件飞出伤人；

(2) 防护罩一定要装好，以免砂轮破裂飞出；

(3) 安装砂轮前要检查砂轮是否完好并预先调好动平衡；

(4) 磨削加工前，要检查砂轮旋转是否平衡；

(5) 用于夹持工件的垫块一定不要低于工件高度的 2/3；

(6) 严禁使用风枪清理机床。

5. 维护保养(如表 3-10 所示)

表 3-10　平面磨床维护保养

序号	维护保养项目	维护保养方法	日期	责任人
1	油路通畅	加满油箱内的润滑油，检查导轨上有没有润滑油流动	每日	机床操作员
2	磁盘平面度	用校表校平平台的平面度及基准边直线度	每日	机床操作员
3	机床	停机后用毛刷清扫台面杂物，再用碎布擦干净	每日	机床操作员
4	油槽	清洗油槽及磁盘工作面	每周	机床操作员
5	电子尺	检查开关是否正常及读数是否准确	每日	机床操作员

3.4.2　镶件磨直角作业指导

1. 操作前的准备

(1) 看清镶件图纸及工作单，了解加工内容，确定加工工序；

(2) 准备所需的砂轮及所用工具；

(3) 检查磁盘基准边直线度以及磁盘平面的平面度。

2. 操作步骤

(1) 加工镶件的两大平面到图纸尺寸；

(2) 用精密平口钳夹住两大平面磨两直角边；

(3) 加工其外形尺寸到图纸要求。

3. 质控要求

(1) 保证两大平行面的平行度，面与面误差不得超过 0.02 mm；

(2) 保证面与面之间的夹角为 90°±0.1°。

4. 注意事项

(1) 先夹紧工件，再磨削加工，以免工件飞出工作台面；

(2) 平口钳装夹时注意工件的平行度及垂直度，以免影响加工效果；

(3) 磨削时一定要注意进给量，避免因工件发热影响工件质量；

(4) 磨高度方向时，必要时要装顶块，以免工件飞出工作台面。

5．设备、工具

磨床、砂轮、精密平口钳等。

6．设备、工艺参数(如表 3-11 所示)

表 3-11　镶件平面直角加工工艺

工作内容	加工余量/mm	备　注
平面直角加工	0.05～0.1	粗加工
	0.01～0.02	精加工

3.5　抛光加工作业指导

3.5.1　抛光机操作维护保养规程

1．目的

为确保电动抛光机能正常使用，延长其寿命；有效地提高加工品质及效率。

2．适用范围

适用电动抛光机。

3．操作步骤

(1) 根据模具的大小形状，选用合适的工具；

(2) 插上电源，将工件夹好后，踩脚踏开关或启动机器开关进行操作。

4．注意事项

(1) 抛光产生灰尘多，要注意旋转方向，使灰尘抛出的方向不要对人，以免灰尘吸入体内严重影响身体健康；

(2) 注意电压不稳定时易烧坏机器，而且轴承磨损较快；

(3) 选用机器型号要正确合理，该用手工就不用机器，该用小机就不就用大机，以保证抛光效果。

5．维护保养(如表 3-12 所示)

表 3-12　抛光机维护保养

序号	维护保养项目	维护保养方法	周期	责任人
1	抛光机机身	用毛刷清洁，上防锈油	每日	抛光组组长
2	手把开关	用布擦缝隙，擦防锈油	每日	抛光组组长
3	带动轮	往注油孔加润滑油	每周	抛光组组长

3.5.2　机械抛光作业指导

1．操作前的准备

工作单、电动抛光机、大磁铁、虎钳等。

2．操作步骤

(1) 先把工件固定好；

(2) 检查抛光机动作是否正常；

(3) 装布轮(布轮粘所需砂布)；

(4) 机械抛光；

(5) 自检。

3．质控要求

(1) 抛光量控制在 0.05 mm 以下；

(2) 去刀痕后的抛光量在 0.05 mm 以下；

(3) 椭圆度误差为 0.03 mm；

(4) 横纹应留到下道工序，用手工抛。

4．注意事项

(1) 防止机械漏电；

(2) 用力不能太猛，防止工件落下砸伤人；

(3) 不能将工件抛变形，要保持线轮廓清晰。

5．设备、工具

电动抛光机、打磨机、虎钳、磁铁等。

6．设备工艺参数(如表 3-13 所示)

表 3-13　抛光工艺参数

工件内容	工艺参数	备注
机械抛光	150#－240#－320#	
精　　抛	黄土－绿油棒－青棒－布	

3.5.3　型芯抛光作业指导

1．操作前的准备

工作单、油石、锉刀、砂纸、打磨机、抛光机等。

2．操作步骤

(1) 将工件吹洗干净；

(2) 先抛筋片位置；

(3) 抛周边胶位；

(4) 抛光角落、边角、圆底面位置；

(5) 抛柱位孔；

(6) 定模镶件装好后，抛表面和司筒柱子(推管)；

(7) 自检。

3．质控要求

(1) 不能将工件形状抛变形；

(2) 不能抛出倒扣；

(3) 筋片抛光不大于原尺寸双边 0.1 mm；

(4) 平面度误差为 0.03 mm；

(5) 直线度误差 0.05 mm；

(6) 抛光量控制在 0.05 mm 之内。

4．注意事项

(1) 发现外形凹凸时要及时报告组长；

(2) 抛一个部位时不能碰坏另一个部位；

(3) 抛推管孔位要限制长度，以免塑件产生披锋毛刺；

(4) 上下哈夫结构的模具要合起来抛。

5．设备、工具

抛光机、打磨机、磁铁等。

6．设备工艺参数(如表 3-14 所示)

表 3-14　型芯抛光工艺参数

工作内容	工艺参数(砂纸)	备注
抛筋片	锉刀 240#－320#－600#	
抛表面	240#－320#－400#	

3.5.4　型腔抛光作业指导

1．操作前的准备

工作单、油石、锉刀、砂纸、打磨机、抛光机等。

2．操作步骤

(1) 将工件清洗干净；

(2) 先抛边角、R 角、角落、圆角；

(3) 抛筋片和圆柱；

(4) 抛侧面；

(5) 抛平面和圆弧面；

(6) 自检。

3．质控要求

(1) 不能将工件抛变形，不能出现塌角塌边；

(2) 光影线轮廓要清晰；

(3) 平面度误差在 0.03 mm 之内；

(4) 直线度误差在 0.03 mm 之内；

(5) 抛光量单边控制在 0.05 mm 之内；

(6) 不能抛出倒扣。

4. 注意事项

(1) 发现外形凹凸不平要及时报告组长；

(2) 抛一个部位的同时要注意不要碰伤其他部位；

(3) 精抛光时工具上不能粘任何杂物；

(4) 砂纸上粘的铁屑多时要及时换砂纸；

(5) 可以将裁剪好的薄铝片粘在分型面上保护型腔边界，避免抛塌边；

(6) 抛好后一定要有防护措施(上油)。

5. 设备、工具

抛光机、打磨机、磁铁等。

6. 设备、工艺参数(如表 3-15 所示)

表 3-15　型腔抛光工艺参数

工件内容	工艺参数(砂纸、油石)	备　注
抛型腔	240#－320#－600#－1500#	要求高的工艺应抛到 2000#砂纸

3.5.5　透明件模具抛光作业指导

1. 操作前的准备

工作单、油石、锉刀、砂纸、海棉轮、钻石膏、脱脂棉花、打磨机、抛光机等。

2. 操作步骤

(1) 将工件清洁干净；

(2) 用平面打磨机或油石粗抛光；

(3) 用油石或砂纸精抛光；

(4) 用机器海棉轮钻石膏抛光；

(5) 用棉花钻石膏精抛光；

(6) 自检。

3. 质控要求

(1) 不能将工件抛变形、反口；

(2) 严格按操作步骤执行；

(3) 粗抛光一定要去除刀纹和火花纹；

(4) 精抛一定要用钻石膏去除砂纸纹和其他痕迹；

(5) 不能抛出倒扣。

4．注意事项

(1) 工件和抛光工具上不能有任何杂物；

(2) 磨料不能乱放，注意防尘；

(3) 不能碰坏工件；

(4) 抛好的工件一定要有防护措施(上油)。

5．设备、工具

抛光机、打磨机、磁铁等。

6．设备工艺参数(如表 3-16 所示)

表 3-16　镜面抛光工艺参数

工件内容	工艺参数(砂纸、油石)	备　　注
镜面抛光	240# － 320# － 600# － 800# － 1000# － 1200# － 1500# － 2000#－钻石膏	第一道工序太粗时要用 150# 油石

3.6　模具钳工作业指导

常见的模具结构示意图及零部件名称如图 3-1 所示。

常用模具零件的中英文名称说明如表 3-17 所示。

表 3-17　常用模具零件的中英文名称说明

英文名称	中文名称(包括各地不同叫法)
Mold Base	模架、模胚
Cavity	型腔、模腔、母模、凹模、前模、上模、定模
Core	型芯、模芯、公模、凸模、后模、下模、动模
"A" Plate	定模板、A 板、上模板、前模板
"B" Plate	动模板、B 板、下模板、后模板
Top Clamp Plate	定模座板、上码模板、面板
Bottom Clamp Plate	动模座板、下码模板、底板
Support Plate	支承板、托板、垫板
Stripper Plate	推件板、顶板、推板
Runner Stripper Plate	流道推板、水口板、水口推板
Spacer Block	垫块、方铁、凳脚、凳仔方
Ejector Plate	推杆固定板、顶针板、面针板
Ejector Retainer Plate	推板、顶出板、顶针托板、底针板
Return Pin	复位杆、回程杆、回针
Guide Pin	导柱、边钉、导边、直边
Guide Bush	导套、边司、导司

续表

英文名称	中文名称(包括各地不同叫法)
Ejector Guide Pin	推板导柱、哥林柱、中托边
Ejector Guide Bush	推板导套、中托司
Insert	镶件、入子、模肉（最大的镶件）、模仁
Insert Pin	圆形镶件、镶针
Locating Ring	定位环、定位圈、法兰
Sprue Bushing	浇口套、唧嘴、料咀
Gate Bush	点浇口衬套、小水口流道唧嘴
Runner Lock Pin	流道拉料杆、水口针、水口勾针、扣针
Ejector Pin	推杆、顶针、顶杆
Ejector Blade	扁推杆、扁顶针
Ejector Sleeve	推管、司筒
Ejector Sleeve Pin	推管顶杆、司筒针
Ejector Bar	方形推杆、直顶
Cam	斜顶
Slide Block	滑块、行位
Wedge	锁紧块、铲基、铲鸡
Angle Pin	斜导柱、斜边
Support Block	支承柱、撑头
Stop Pin	限位钉、垃圾钉、支承钉
Spring	弹簧、弹弓

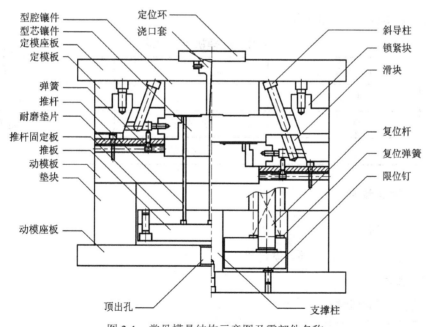

图 3-1　常见模具结构示意图及零部件名称

3.6.1 配模机操作维护保养规程

1．目的

为确保配模机能正常使用，延长其寿命；有效地提高加工品质及效率。

2．适用范围

配模机。

3．操作步骤

(1) 检查配模机油管及油压机是否有渗漏，所有限位开关状况是否正常，清洁配模机旁的工作台面、轨道、油箱及工作台；

(2) 打开电源，开动配模机，先将全套机械动作空运行一次，再将模具装上工作台；

(3) 操作过程：

上平台起升—穿子进—移模出—中子退—掀模开—人工修配模具—掀模关—中子进—移模入—上平台下降—加压(观察压力表)—掀模开—再次人工修配模具(重复)；

(4) 工作完毕，拆卸模具，停机，断开电源，清洁工作台及整个工作环境。

4．注意事项

(1) 必须严格按照规程进行操作；

(2) 开机前一定要检查油管、油压机、限位开关等，如有问题，不要开机，及时汇报主管；

(3) 操作人员应站在工作台的侧边操作；

(4) 头、手、身体要与上下工作台及各轨道保持距离，以免受伤；

(5) 工作完毕后，不能在加压状态下停机。

5．维护保养(如表 3-18 所示)

表 3-18　配模机维护保养

序号	维护保养项目	维护保养方法	周期	责任人
1	床身及各轨道	擦拭清洗	每周	指定人员
2	导轨	涂黄油	每周	指定人员
3	铜套	注射黄油	每周	指定人员

3.6.2 拆模作业指导

1．操作前的准备

六角匙(内六角扳手)、吊环、铁链等。

2．操作步骤

(1) 前模(定模)拆除拉扣；

(2) 打开前后模(定动模)组件；

(3) 前模组件拆定位环、拉杆、面板(定模座板)、唧嘴(浇口套)、水口针(流道拉料杆)、水口板(流道推板);

(4) 拆 A 板(定模板)内型腔镶件;

(5) 拆油缸、滑块;

(6) 后模(动模)组件拆底板(动模座板);

(7) 拆顶针板(推杆固定板和推板)、复位弹簧;

(8) 拆斜顶、直顶(方形推杆)、顶针(推杆)、司筒针(推管组件);

(9) 拆型芯、镶针(圆柱形镶件)。

3．质控要求

(1) 型芯、型腔不能擦伤刮花;

(2) 模具零件不能碰坏变形。

4．注意事项

(1) 注意安全;

(2) 检查所有零件有无标记;

(3) 注意拆出方向;

(4) 不能直接敲打模具表面,要加垫块或使用胶锤、紫铜棒;

(5) 拆出来的零件要集中摆放整齐,喷防锈油,防止生锈;

(6) 表面粗糙度高的零件要做防护措施。

3.6.3　模具装配作业指导

1．操作准备

模胚(模架)、型芯、小镶件、滑块、拉杆、拉杆套(流道板导套)、扣针(流道拉料杆)、胶圈(密封圈)、螺丝(螺钉)、顶针(推杆)、弹簧、镶针(圆柱形镶件)、料咀(浇口套)、定位环、斜顶、斜导柱、铲鸡(锁紧块)、直顶(方形推杆)、黄油、六角匙(内六角扳手)、胶锤及其他模具配件。

2．操作步骤

(1) 将模胚及模具的所有零配件清洗干净。

(2) 前模部分组装:

将胶圈装入 A 板(定模板)→将小镶件、镶针装入模仁(型腔镶件)→将模仁、铲鸡(锁紧块)、斜导柱装入 A 板→将大拉杆(定距拉杆)、扣针(流道拉料杆)、料咀(浇口套)、定位环装入水口板(流道推板)→将 A 板、水口板组装起来→装拉杆、拉套(流道板导柱、导套)→装面板(定模座板)、定位环。

(3) 后模部分组装:

胶圈、导柱装入 B 板(动模板)→将小镶件、镶针装入后模型芯→装复位弹簧→将回针(复位杆)、顶针、斜顶、直顶装入顶针面板(推杆固定板),装中托司(推板导套)→装底针板(推板)、撑头(支撑柱)、凳脚(垫块)→装底板(动模座板)、哥林柱(推板导柱)。

(4) 检查有无装错或漏装。

(5) 前后模组合。

3．质控要求

(1) 严格按组装图纸组装；

(2) 模胚及模具的所有零配件必须清洗干净；

(3) 顶针、斜顶、直顶、滑块及导柱必须涂上黄油；

(4) 型芯表面不能有碰伤刮花。

4．注意事项

(1) 组装时不得碰伤刮花模具；

(2) 扣针、拉扣不得涂黄油以避免打滑；

(3) 组装时，注意型芯与 A、B 板的基准边，合模时注意前后模方向；

(4) 组装完成后，必须试合模以检查装配效果。

5．设备、工具

内六角扳手、铁链、胶锤、吊环等。

3.6.4　配斜顶镶件作业指导

1．操作前的准备

(1) 根据零件加工图检查加工质量，复查配合尺寸；

(2) 准备锉刀、打磨机、塞尺等工具；

(3) 清理修正加工留余量及许可的棱角棱边倒 R 角(圆角)。

2．操作步骤

(1) 将斜顶、镶件许可的棱角棱边倒 R 角；

(2) 将斜顶、镶件槽孔壁修正，许可部位倒角；

(3) 涂红丹配斜顶、镶件；

(4) 配斜顶长度及镶件高度；

(5) 自检。

3．质控要求

(1) 斜顶镶件与配合槽孔之间的间隙每一单边为 0.02 mm(大件每一单边为 0.03 mm)。尽量采用平面磨床加工到位，减少手工修配量；

(2) 保证斜顶活动顺畅，斜顶滑座行程要足够；

(3) 斜顶、镶件不能因配合产生变形。

4．注意事项

(1) 斜顶镶件不能碰伤封胶位(分型面)；

(2) 斜顶、镶件倒角及开油槽时应在封胶位 10 mm 以下；

(3) 不准用硬物直接敲打斜顶及镶件。

5．设备、工具

磨床、铣床、锉刀、胶锤等。

6．设备、工艺参数(如表 3-19 所示)

表 3-19　配斜顶镶件工艺参数

工作内容	配合部位	间隙/mm	备注
配斜顶	斜顶与孔壁	0.02	
配滑座	滑座与面针板	0.2～0.5	
配镶件	镶件与槽孔	0.02～0.03	

3.6.5　配滑块作业指导

1．操作前的准备

(1) 检查滑块的相关尺寸、形状是否与图纸相符；

(2) 许可的棱角棱边倒 R 角；

(3) 准备钳工所用的锉刀打磨机、塞尺、卡尺。

2．操作步骤

(1) 先修配滑块与导滑面的配合；

(2) 再修配压板与滑块台阶的配合；

(3) 修配滑块与型芯的配合；

(4) 修配滑块与锁紧块的斜度。

3．质控要求

(1) 滑块与滑面配合间隙 0.04 mm；

(2) 压板与滑块平面间隙 0.05 mm，侧面 0.1 mm；

(3) 滑块行程要大于脱模胶位 2 mm 以上；

(4) 滑块动作应顺滑，保证不变形，避免出现卡死、不均匀、松动等不良现象。

4．注意事项

(1) 配模时注意插穿、碰穿位置(分型面)的强度；

(2) 胶位形状与 A、B 板胶位应相接；

(3) 滑块在滑动中应顺畅，斜导柱的行程应到位且定位准确；

(4) 较大的滑块要考虑会因重力作用而滑掉，最好增加特殊定位。

5．设备、工具

铣床、磨床、配模机、打磨机、锉刀、铲刀等。

6．设备、工艺参数(如表 3-20 所示)

表 3-20　配滑块工艺参数

工件内容	配合间隙/mm	备注
滑块与导滑面	0.04	
压板与滑块台阶	0.05	
压板侧面与滑块	0.1	
斜导柱与滑块孔双边	1	

3.6.6 合模修配作业指导

1．操作前的准备

(1) 铁链、吊环、红丹、打磨机、锉刀、铲刀、垫铁、塞尺等；

(2) 按图纸检查相关尺寸；

(3) 许可的棱角棱边倒角。

2．操作步骤

(1) 修顺要修配的部位，根据具体情况可以将部分的分型面铣出避空位，以减少配作量；

(2) 清洗模具，装型芯、型腔和导柱；

(3) 将红丹搽在分型面上，只搽其中的一面；

(4) 合模(开始要轻轻合模，再分开检查配合部位)；

(5) 修配顺序：大分型面—止口(定位块)—镶件—滑块—镶针。

3．质控要求

(1) 分型面配合不大于 0.03 mm；

(2) 碰穿、擦穿位配合间隙不大于 0.02 mm；

(3) 型腔、型芯不允许变形，分模面不能有塌角、碰伤现象。

4．注意事项

(1) 保证安全生产；

(2) 合模时压力要由小到大，避免压力太大，撞坏小镶件；

(3) 搽红丹时不要搽得太多，以免发生假到现象(实际配合没有到位)；

(4) 避免强烈碰撞使封胶位置(分型面)棱角棱边倒角；

5．设备、工具

铣床、磨床、车床、配模机、卡尺、塞尺、六角匙、刀具、打磨机等。

3.7 电火花加工作业指导

3.7.1 电火花机操作维护保养规程

1．目的

为确保电火花机能正常使用，延长其寿命；有效地提高加工品质及效率。

2．适用范围

适用于电火花机设备。

3．操作步骤

(1) 开启电源；

(2) 检查油箱的油量，及 x、y、z 三轴运动状况；

(3) 固定工件，安装电极，并利用杠杆百分表进行水平校准、垂直校准；

(4) 先按照图纸、电极基准碰数单、工作单要求，找好基准碰数，再设定放电参数，并根据实际加工情况进行适当调整；

(5) 根据需要冲油或浸油(将工件完全浸泡在火花油中)，按下电开关进行电火花加工；

(6) 如果加工面积较小或电流较小，有专人看守时则不必浸油，浸油时液面要超过电极 50 mm 以上；

(7) 打开电流的输出开关，同时调整伺服旋钮与之配合，并对电压进行调整；

(8) 注意放电频率要配合电流进行调整。

4．注意事项

(1) 加工大型模具工件时，需要在工作台上加垫铁，以免起吊工件时带动工作台。因为工件与工作台接触面积大，有油膜时很容易粘连在一起；

(2) 放电加工要按照操作程序进行，工件和电极需要正确装夹；

(3) 放电过程中不要用手触摸电极；

(4) 在放电加工之前要先调整冷却油，还要在机床旁准备好二氧化碳灭火器，当操作不良而引起失火时使用；

(5) 如果电极过小，比如在直径 6 mm 以内，不能使用大电流加工，以免电极损耗过大；

(6) 加工前应检查火花油箱的液面存量，保持90%以上；

(7) 发现异常情况，应立即停止放电进行检查；故障发生后，应及时向主管人员汇报。

5．维护保养(如表 3-21 所示)

表 3-21　电火花机的维护保养

序号	维护保养项目	维护保养方法	周期	责任人
1	检查 x、y、z 轴运行情况	各轴进行运行	每日	机床操作员
2	控制箱的各部件是否良好	观察与调试	每日	机床操作员
3	各导轨面与丝杆润滑	黄油枪注射黄油	每日	机床操作员
4	检查电箱散热是否良好	擦拭与清理电箱除尘	每周	机床操作员

3.7.2　电火花加工作业指导

1．操作前的准备

(1) 接受钳工交来的工作单、图纸、电极以及电极基准碰数单，确认加工内容，必要时与电极设计人员沟通；

(2) 检查电火花机的工作状态是否正常；

(3) 检查工件与电极是否完好，基准标识是否清晰，相关技术资料是否齐全；

(4) 准备辅助工具，如螺钉、扳手、夹具等。

2．操作步骤

(1) 装夹工件与电极；

(2) 对工件与电极进行打表校正，大平面限制 2 个转动自由度，基准边限制 1 个转动自由度，保证空间位置正确，没有偏转，夹紧工件和电极，再重新确认校正；

(3) 按照电极基准碰数单，使用电极进行分中或单边碰数，确定工件加工位置尺寸与加工深度；

(4) 根据要求设置放电参数；

(5) 放电前，对加工部位与图纸标示进行再次核对；

(6) 设置好排渣系统；

(7) 启动放电，按下加工液按钮，调整火花油喷嘴对准工件加工部位冲油，必要时油液浸过工件 20～50 mm；

(8) 加工完毕，清洗自检，核对无误后，卸下工件。

3. 质控要求

(1) 粗公(粗加工电极)放电间隙单边控制在 0.3 mm，幼公单边控制在 0.05 mm；

(2) 不同的材质需要设定不同的加工参数；

(3) 放电电流加大，放电时间要稍微加长，以免电极严重损耗；

(4) 有时在电极相应部位需要加钻排气排渣孔，防止发生二次放电(积碳)；

(5) 严守操作规程，正确装夹工件与电极。工件和电极打表基准平面控制平面度小于 0.04 mm，基准边直线度小于 0.02 mm。

4. 注意事项

(1) 仔细检查数据的正确性，及电火花机加工画面的转换；

(2) 冲油方向要正确；

(3) 在浸油时，液面必须超过工件；

(4) 在电火花机旁必须备有干粉灭火器；

(5) 大型模具工件需加垫铁；

(6) 当无专人看守机器时，需要把睡眠按键打开。

5. 设备、工具

电火花机、码铁(包括压板、T 形槽螺母、螺栓、锁紧螺母、垫块等通用夹具组合)、活动扳手、内六角扳手、校表。

3.8 线切割加工作业指导

3.8.1 线切割机操作维护保养规程

1. 目的

为确保线切割机能正常使用，延长其寿命；有效地提高加工品质及效率。

2. 适用范围

适用于线切割机设备。

3. 操作步骤

(1) 启动电源，检查储丝筒电机与水泵电机的运行是否正常；

(2) 开启控制柜电源，待电脑正常启动后进入控制加工画面；

(3) 仔细看清图纸，认清加工部位以及图形尺寸是否正确齐全，必要时与模具设计员沟通；

(4) 将工件的基准面或基准孔清理干净；

(5) 按照图纸的加工要求，选择合适的装夹方式来固定工件；

(6) 打表校正工件，将电流调到最小，看火花分中或碰数，设定放电加工基准；

(7) 打开控制柜电脑进入绘图画面，按照图纸的尺寸要求，编写程序后进入加工画面；

(8) 检查机床坐标与工件坐标是否一致，将机床坐标移到起点位置，开始加工；

(9) 调好加工电流，保持加工稳定，对加工中断丝现象要及时处理。

4. 注意事项

(1) 所有加工的工件都不能粘有胶水或油漆等非导电物；

(2) 在装夹过程中要轻夹轻放，已抛光的部位避免直接与工作台面或夹具接触；

(3) 加工过程中，随时检查加工状态，发现问题，及时解决；

(4) 储丝筒在旋转过程中，严禁用手或其他工具接触，以免造成事故。

5. 维护保养(如表 3-22 所示)

表 3-22　线切割机的维护保养

序号	维护保养项目	维护保养方法	周期	责任人
1	检查 x、y、z 轴运行	各轴进行运行	每日	机床操作员
2	控制柜的功能是否正常	调试与应用	每日	机床操作员
3	各导轨面与丝杆润滑	往油嘴注油	每日	机床操作员
4	乳化液是否变质	及时更换	每周	机床操作员

3.8.2　线切割镶件作业指导

1. 操作前的准备

(1) 检查机器是否运行正常；

(2) 根据工作单要求仔细看清图纸，如果图纸表达不清楚或遗漏资料要及时与模具设计员或钳工进行沟通。最好直接使用 DWG 文件或 DXF 文件进行转换，以减少出错；

(3) 检查加工工件基准面(或者基准孔)是否平整、干净；

(4) 做好加工记录。

2. 操作步骤

(1) 将工件装夹在工作台上，打表校平大面，校直基准边；

(2) 单边碰数或分中，确定加工基准零位；

(3) 按照图纸绘图和编程；

(4) 将工件转移到起割位置，通电激活，开冷却液，开始放电切割。

(5) 加工完毕，卸下工件清洗并检查加工尺寸是否准确。

3. 质控要求

(1) 碰数分中要求 ±0.02 mm，工件大面控制平面度小于 0.04 mm，基准边直线度小于 0.02 mm；

(2) 控制放电间隙补偿量的大小，一般为 0.1 mm，可以灵活增加或减小，以确保镶件与镶件孔配合，最好预先实测镶件孔尺寸；

(3) 加工电流一般要求 2 A 以上，对于精度要求较高或工件较薄时，可以调整加工电流为 1～1.5 A；

(4) 机床切割的进给速度设定要求尽量与加工电流相适应，保证加工平稳，不会断丝；

(5) 乳化液要求 7～10 天更换，否则会影响加工速度及加工表面粗糙度。

4. 注意事项

(1) 合理装夹工件，预先控制加工范围，防止割伤工作台或夹具；

(2) 编程时选择加工路径，要尽量避免工件产生变形；

(3) 加工过程中要随时观察加工状态，防止断丝或乳化液溢出；

(4) 加工结束时，应采取保护措施，如放置强力磁铁块、增加垫块等，防止切割完成后的较大的废料砸坏机床下的导丝架或夹断钼丝；

5. 设备、工具

线切割机、垫铁及夹具、百分表、卡尺、螺丝刀、钼丝、校表。

3.8.3 线切割斜顶作业指导

1. 操作前的准备

(1) 检查并润滑机床；

(2) 根据工作单要求看清图纸，分清斜顶孔的斜度方向与大小端的尺寸及位置；

(3) 选择好合适的辅助工具，如压板、螺栓、磁铁等；

(4) 整理好工件，如果切割内圆或内框应检查是否已钻好穿丝孔。

2. 操作步骤

(1) 利用辅助工具，将工件放在工作台上摆成预定的斜度，并校平基准位；

(2) 用标准角度量块将线架调校准确；

(3) 单边碰数或分中确定工件的基准零位；

(4) 绘图、编程加工斜度部分，接着调整钼丝达到合理状态；

(5) 开启电源，按下切割液按钮，开水冲工件，加工完斜度部分；

(6) 平放工件重新装夹，校准基准及分中；

(7) 绘图、编程加工直身部分，下道工序重复；

(8) 加工完毕，卸下工件清洗并测量加工尺寸。

3. 质控要求

(1) 单边碰数或分中要求 ±0.02 mm；

(2) 斜度加工及直身加工之间的基准误差要求在 0.02 mm；

(3) 斜度误差要求 ±0.2°。

4. 注意事项

(1) 工件在工作台上的摆放要稳固安全，在加工过程中不会产生移动；

(2) 工件按照斜度放置时垫高的一端不要与上导线架相撞；

(3) 随时观察加工状况，防止断丝或乳化液溢出。

5. 设备、工具

线切割机、标准角度量块、垫铁及夹具、扳手、百分表、卡尺、螺丝刀、钳丝、校表。

3.9　数控加工中心作业指导

3.9.1　数控加工中心机床操作维护保养规程

1. 目的

为确保数控加工中心能正常使用，延长其寿命；有效地提高加工品质及效率。

2. 适用范围

适用于数控加工中心机床、数控铣设备。

3. 操作步骤

(1) 检查冷却油箱和润滑油箱的油量，如果不够应及时补充。

(2) 开启电源，检查机床 x、y、z 三轴运动状况，主轴空转检查，机床原点复位。

(3) 清洁机床工作台和工件。按照加工程序单要求安装工件，注意基准角位置和模板正反面，使用百分表进行基准面校平，基准边校直。夹紧要安全可靠，以免加工中发生松动。

(4) 按照图纸、加工程序单要求，找好基准边，使用分中棒(寻边器)单边碰数或分中。主轴转速 600 r/min，单边碰数要注意加减所用的分中棒半径值。确定工件 x、y 轴坐标原点，输入机床工件坐标系。

(5) 按照加工程序单要求，选用所需的刀具，装入刀柄夹紧，注意刀具长度要求，以免加工发生碰撞。找到基准面，进行 z 轴方向对刀。一般采用铣刀棒滚动法对刀，注意加上刀柄直径；如果有较高要求，可以开车(开动主轴旋转)直接对刀。

(6) 输入程序进行加工或进行 DNC(数字控制系统)加工。先打开"单步执行"模式，执行一步一步的加工，以便发现问题及时停机检查处理，特别注意第一刀加工情况。如果情况正常，立即取消"单步执行"，机床自动进行加工。

(7) 机床加工过程中要一直观察加工情况，及时调整主轴转速、进给速度；如果刀具损耗，要及时更换；注意及时暂停机床加工，清理切屑。

(8) 加工完毕，先检查测量再拆卸工件。注意清理机床和工件。

4．注意事项

(1) 发现异常情况及报警信号，应立即停机，请有关人员检查。

(2) 加工前必须关上机床的防护门。

(3) 机床按程序进入加工运行后，操作人员不准接触运动着的工件、刀具和传动部分。

(4) 机床加工过程中，不要清除切屑。如果必须清理，要暂停加工。

(5) 清除切屑时，要使用一定的工具，注意不要被切屑划破手脚。

(6) 测量工件时，必须在机床停止状态下进行。

(7) 工作结束后，如实填写好交接班记录，发现问题要及时反映。

(8) 下班前要打扫干净工作场地，擦拭干净机床，应注意保持机床及控制设备的清洁。

5．维护保养(如表 3-23 所示)

表 3-23　数控加工中心机床的维护保养

序号	维护保养项目	维护保养方法	周期	责任人
1	检查 x、y、z 轴运行	各轴进行运行	每日	机床操作员
2	检查主轴运行	开机高速旋转	每日	机床操作员
3	控制箱、面板各部件是否良好	观察与调试	每日	机床操作员
4	检查各导轨面与丝杆润滑	润滑油箱加油	每日	机床操作员
5	检查电箱散热是否良好	擦试与清洗电箱除尘	每周	机床操作员
6	检查液压、气动系统是否工作正常，能否完成自动换刀	观察与调试	每日	机床操作员

3.9.2　数控加工中心加工作业指导

1．操作前的准备

(1) 接受钳工交来的图纸、工件、加工程序单，确认加工内容，必要时与数控编程员沟通；

(2) 检查数控加工中心机床的工作状态是否正常；

(3) 检查工件是否完好，基准标识是否清晰，相关技术资料是否齐全；

(4) 按照加工程序单准备所需的刀具；

(5) 准备辅助工具，如台钳、扳手、量具、等高垫铁、码铁(包括压板、T 形槽螺母、螺栓、锁紧螺母、垫块等通用夹具组合)等。

2．操作步骤

(1) 机床在每次开机或按急停复位后，必须先回参考零位(即回零)。

(2) 工件装夹前要先清洁好各表面，不能粘有油污、铁屑和灰尘，并用锉刀(或油石)去掉工件表面的毛刺。机床工作台应清洁干净，无铁屑、灰尘、油污。

(3) 严格按照图纸、加工程序单要求安装工件，注意基准角位置和区分模板正反面。注意避开加工的部位，还应避免在加工中刀柄可能碰到夹具的情况发生。

　　(4) 工件定位校正。按照图纸或加工程序单要求，使用百分表在工件基准大面(顶面)校正，限制 2 个转动自由度，校正平面度小于 0.04 mm；打表校基准边，限制 1 个转动自由度，校正直线度小于 0.02 mm。对于已经六面都磨好的工件要校检其垂直度是否合格。

　　(5) 工件找正(分中碰数)。对装夹好的工件可利用分中棒(寻边器)进行碰数确定加工参考零位。开动主轴转速 600 r/min，手动移动工作台 x 轴，快速接近工件基准边，再转用慢速，转动手轮按照 1 格进 0.01 mm 移动，注意观察分中棒上下端状况，若由偏转到同心，突然有个较大的跳动，就设定这点的相对坐标值为零。重复 2 次，最后确定位置。再根据加工程序单要求的方向，进行加减所用分中棒的半径，这点就是工件 x 轴上的零位。将 x 轴零位的机械坐标值记录在机床工件坐标系 G54。工件 y 轴零位设定的步骤与 x 轴的操作相同。

　　(6) 刀具对刀。根据加工程序单要求，将加工程序所用的刀具装入刀柄夹紧，注意刀具长度要求，以免加工时发生碰撞。找到对刀基准面，进行 z 轴方向对刀。一般采用铣刀棒滚动法对刀：将新的铣刀放在基准面上，主轴不转动，快速移动主轴头接近铣刀，再转用慢速，转动手轮按照 1 格进 0.01 mm 向下移动，同时移动铣刀棒通过刀具端面，如果进一格卡住，退一格可以通过，可以将刚好卡住铣刀棒的位置设定为 z 轴的相对坐标，其值为零。重复 2 次，最后确定位置。把这点的机械坐标 z 值加上铣刀棒直径记录在机床工件坐标系 G54。此时机床绝对坐标值应显示为正数并等于铣刀棒的直径。如果对刀有较高要求，可以开车(开动主轴旋转)直接对刀，即进行试切，在对刀面上，手轮向下一格，就看到刀痕产生，退后一格则没有。改变位置重复 1 次，把刚好产生刀痕的位置设定为 z 轴零点，将机械坐标 z 值记录在机床工件坐标系 G54 就完成了对刀。

　　(7) 输入加工程序或进行 DNC(数字控制系统)加工。执行每一个程序之前，必须认真检查其所用的刀具是否与加工程序单上指定的刀具一致。开始加工时要把进给速度调到最小，采用"单步执行"，快速定位、落刀、进刀时须集中精神，手应放在紧急停止键上，有问题时应立即停止。注意观察刀具运动方向以确保安全进刀，然后慢慢加大进给速度到合适，同时要对刀具和工件加冷却液或冷风。等加工正常之后，取消"单步执行"，机床进行自动加工。

　　(8) 开粗加工不得离控制面板太远，如有异常现象及时停机检查。开粗后再打表检查一次，确定工件是否松动。如有发生必须重新校正和碰数。在加工过程中，根据切削状况，手动调整主轴转速和进给速度，不断优化加工参数，以达最佳加工效果。如果认为切削加工方式不合理，可以向编程员提出改刀路、换刀具。深型腔加工特别是精加工要随时检查刀具的磨损度，适时停机转换刀粒。黑皮胚料加工或淬火后的工件加工如果连续碰掉刀粒(不应超过两片)，应立即停机检查，根据实际情况改变加工工艺或改正刀路轨迹。大型工件加工中途应及时清理工作台、导轨护罩上的切屑，特别是护罩上的切屑，避免运动中顶死，造成护罩卡死报废或机床过载。

　　(9) 粗加工后应进行自检，以便及时调整。自检内容主要为加工部位的位置尺寸。如：工件是否有松动；工件是否正确分中碰数；加工部位到基准边(基准点)的尺寸是否符合图纸要求；加工部位相互间的位置尺寸等。经过自检才能继续进行精加工。精加工后，要对加工部位的形状尺寸进行自检，确认与图纸及工艺要求相符合后，才能拆卸工件送检验员进行专检。

(10) 加工检验完毕之后及时拆卸工件，清理机床，摆放好工装夹具、刀头、刀具、工具等。

3. 质控要求

(1) 按照基准角位置和模板正反面要求安装工件，进行基准面校平，基准边校直。平面度小于 0.04 mm，直线度小于 0.02 mm。

(2) 分中棒要退磁处理，x、y 轴原点碰数误差小于 0.02 mm。

(3) 严格按照加工程序单要求装刀，z 轴原点对刀误差小于 0.02 mm；z 轴对刀基准位置应在同一点，最好用一个已铣到位的平面来检测是否对刀准确，避免由于先后工序不同使刀具加工后有台阶出现，工件外形不顺滑。

(4) 工件、刀具装夹可靠稳固。不同刀具材质和不同工件材料要采用不同的切削加工参数，并在加工过程中及时优化调整。

4. 注意事项

(1) 工件正式加工前应再次检查程序下刀点及刀具大小是否与程序单规格相统一，最好仿真一遍加工程序，做到对加工轨迹心中有数。特别是刀具千万不可拿错，以免造成工件报废。如果发现异常情况应立即与编程员沟通，机床操作员不得随意加工。

(2) 重要工件要有意识试刀，特别是大工件(程序单必须写明尺寸)。第一刀走完要用卡尺检验大致尺寸，确保基准位置正确，避免错位报废材料。

(3) 垫铁一般放在工件的四角，对跨度过大的工件还要在中间加放等高垫铁，增加刚性，防止加工变形。工件校正后一定要拧紧螺母，防止装夹不牢固，使工件发生加工移位。

(4) 对于深型腔加工，刀具越长越容易中途发生"掉刀"现象，如果观察到切削声音突然变大或加工火花明显增加，及时停机检查刀具情况，更换刀粒，或重新收紧刀粒螺钉，或收紧刀柄，刀具被夹持在刀柄里的长度应不少于 55 mm。

(5) 对模板凹槽有配合的地方，要在加工部分深度后(10 mm 左右)，停机检测加工精度，适当调整，可改变机床刀径补充值或重编加工程序。争取一次就加工到位，避免重复加工。

(6) 常见出错原因、特别注意及改正措施列表如表 3-24 所示。

表 3-24　常见出错原因、特别注意及改正措施

序号	出错原因	特别注意	改正措施
1	没有检查工件的长、宽、高尺寸	上机前的准备工作，必须认真检查工件长、宽、高尺寸是否符合图纸要求	利用拉尺、碰数等方法检查其正确性
2	工件的摆放方向	根据加工程序单要求，对照工件、图纸确定工件的摆放方向	认真检查工件尺寸和标记，然后按基准角和模板正反面位置进行安装
3	碰数偏移	碰数方法、碰数后复查、输入数值的检查	碰数后根据工件的长、宽尺寸，把主轴移动到工件的边缘，检查碰数的正确性；输入数值后再检查其正确性

续表

序号	出 错 原 因	特 别 注 意	改 正 措 施
4	z 轴对刀出错	对刀方法、对刀后复查、输入数值的检查	对刀后根据工件的基准位置，把刀具移动到工件的边缘外侧，检查对刀的正确性；输入数值后再检查其正确性
5	用错刀具	认真检查所装的刀具是否与程序单的要求一致	在执行程序的第一节前，必须再次确认所用的刀具
6	开粗时刀具崩碎，导致工件过切、刀具报废	开粗时不得离控制面板太远，密切观察加工情况	有异常现象如声音变大，火花增加等要及时停机检查
7	开粗后工件移位	装夹时必须确保工件紧固可靠	开粗后重新打表、碰数
8	加工尺寸不到位	检查所使用的刀具；通知编程员检查程序	对于重要位置，确保使用新刀具加工；修改或增加程序
9	输错文件名称	加工前必须认真检查程序单所用的刀具及对应的文件名称	认真检查输入的文件名称的正确性

5．设备、工具

加工中心、数控铣、码铁(包括压板、T 形槽螺母、螺栓、锁紧螺母、垫块等通用夹具组合)、活动板手、校表、等高垫铁、台钳、各种刀具等。

第 4 章   模具数控编程与加工

CAD/CAM 软件技术广泛应用于机械产品、模具制造等企业的数控编程及加工，目前基本取代了传统的手工编程方式。从事模具数控编程的工艺人员也需要由知道怎样做(经验)转向怎样做得又快又好(策略)：不仅要掌握 CAD/CAM 软件的操作功能，更重要的是将 CAD/CAM 软件当作工具，进行合理的数控工艺规划与数控编程，以实现高质量和高效率的数控加工。

4.1   模具数控编程与加工基本工艺要求

4.1.1   保证加工尺寸准确

(1) 无"过切"现象。例如，进、退刀时容易造成过切，加工高度设定出错，或者漏选、错选加工面、保护面，也会造成过切。

(2) 无"漏切"现象。例如，凹曲面加工用平底刀铣不到底(如图 4-1 所示)，球刀、圆角刀加工不到直角台阶(如图 4-2 所示)，或者尺寸加工不到位，都可造成"漏切"现象。

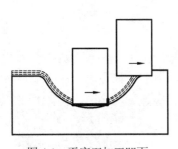

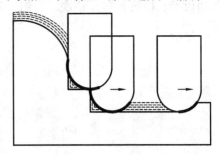

图 4-1   平底刀加工凹面   图 4-2   球刀加工直角台阶

(3) 工艺死角的圆角半径尽可能小(可参考"长径比小于 5"选取刀具)。例如，铣矩形凹槽始终会存在加工圆角。

4.1.2   保证加工质量的策略

(1) 特别注意刀具刚性要好，以免加工中刀具变形，造成"弹刀"、"抢刀"、"包刀"、"顶底"等现象，影响加工质量。

① 一般刀具长径比应小于 5，例如，直径 6 mm 的刀具装夹长度不要超过 30 mm。在保证安全的同时，应尽可能缩短刀具的装夹长度。

② 对于需要用装夹较长的刀具进行粗加工时,应分段采用不同的切削用量,装夹不同长度的同一直径刀具进行加工,能显著提高加工效率。例如,长度 160 mm、直径 32 mm 的刀具,可以分别装夹长度为 70 mm、120 mm、160 mm 的刀具进行三次加工。同一直径的刀具应预备几支不同长度的刀具,供切削使用。

③ 一般不要用球刀开粗,要选用平底刀或圆角刀开粗,其刚性较好。只有无法用较小平底刀加工到底的曲面凹槽,才能用球刀开粗。

④ 根据工件的形状,在保证安全的情况下,可采用加长杆(小夹头)装夹刀具或采用自制锥柄刀具以增加刀具刚性,如图 4-3 所示。

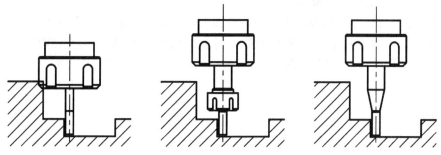

图 4-3　直柄刀、加长杆、锥柄刀的装夹使用

(2) 开粗加工不得垂直下刀,以免刀具"顶底"而损坏。因为平底刀或圆角刀中心无切削刃,并且不易排屑。要在工件毛坯以外下刀或者采用螺旋下刀、斜向下刀方式,角度一般小于 3°,并且参数设定要合理。

(3) 保持刀具在切削过程中负荷基本稳定,加工余量均匀,走刀方式合理。

① 对于工艺死角位开粗后,要先用较小刀具清角(局部加工),以免精加工到拐角时,刀刃与工件的接触宽度急剧增加("包刀"现象),负荷突然变大而振动引起崩刃甚至断刀(如图 4-4 和图 4-5 所示)。

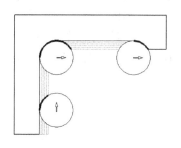

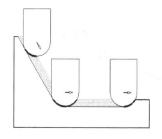

图 4-4　拐角处加工(注意"包刀")　　　图 4-5　"下坡"加工 (注意)

② 对于多曲面连续加工,若有明显的凸台、凹坑出现,则先用较小刀具局部清角或做出辅助面进行保护。应特别注意避免加工过程中刀路"大起大落"不畅顺(如图 4-6 所示),加工余量"时大时小"不均匀。因为如果刀具接触面突然变大,就容易产生"弹刀"过切现象。

③ 采用等高粗加工后,对工件平坦部位出现的较大台阶(如图 4-7 所示),要改变走刀方式进行半精加工,以保证精加工时余量均匀。

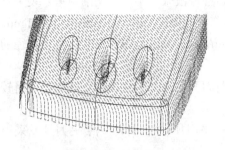
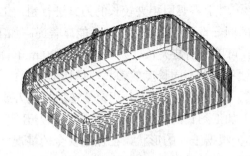

图 4-6 有按键孔的鼠标电极精加工   图 4-7 只做等高环绕加工

④ 对于侧壁与底面的组合加工，应先精加工底面(与侧壁保持安全距离)到位，然后精加工侧壁到底(如图 4-8 所示)，以避免当侧壁加工到底时，刀具的侧刃与底刃同时受力，产生振动而影响底面的表面质量(如图 4-9 所示)。

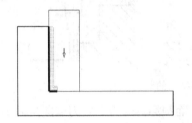
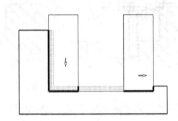

图 4-8 "先底后侧"加工   图 4-9 "先侧后底"加工(注意避免)

⑤ 对于四周斜面与底面倒圆角造型的型腔，采用球刀等高环绕精加工，当加工到其圆角时，刀具切削接触面突然变大，易产生振动"弹刀"，出现"倒扣"现象(如图 4-5 所示)。首先应半精加工，再用小于该圆角半径 1.5 mm 左右的球刀精加工，或者采用平底刀往复走刀加工。

⑥ 为保持刀具切削受力稳定，一般都要采用逐层环绕的加工方式走刀(如图 4-7 所示)，要避免"上下坡"式走刀加工。特别是对于侧壁较陡又较高的工件，不要采用"上下坡"走刀方式来回加工。因为存在加工余量，"上坡"时刀具侧刃与工件接触长度过大会发生"撞刀"(如图 4-10 所示)，可以采用从上到下单向(下坡)走刀加工(如图 4-5 所示)或等高环绕的加工方式(如图 4-7 所示)。

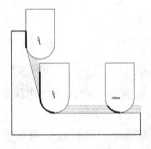

图 4-10 "上坡"加工(注意避免)

(4) 数控编程的工艺规划一般采用粗加工、清角加工、半精加工、精加工 4 道工序。

① 若工件形状简单，或圆角足够大，可省略清角加工；若工件尺寸较小，也可省略半

精加工；但工件开粗后余量不均，台阶相差大，则要增加局部半精加工，以保证精加工时余量基本均匀。

② 加工工序要由粗到精逐步进行，加工余量要由大到小进行。除非加工余量极小，否则不得只用一个工序精加工到尺寸。

③ 工序之间余量要预留充分，以免精加工后仍残留粗加工痕迹。

(5) 精加工刀具轨迹相对被加工表面的空间切削间距应均匀一致，以避免刀路疏密不一，造成局部区域刀痕粗、表面质量差。

① 注意加工方向的选择要与工件表面上关键的棱线成某一角度，否则不能加工出清晰的棱线。例如，四方形工件的精加工要采用 45°平行走刀(如图 4-11 所示)，不要用 0°或 90°平行走刀(如图 4-12、图 4-13 所示)，才能保证四边都清晰。

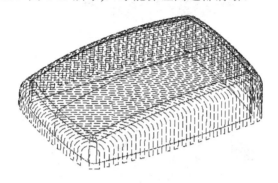

图 4-11　45°平行走刀

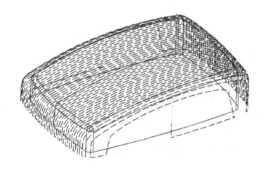

图 4-12　0°平行走刀(注意避免)

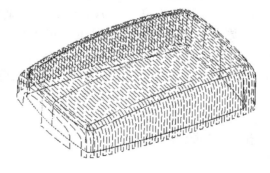

图 4-13　90°平行走刀(注意避免)

② 工件平坦部位可采用 45°平行往复走刀加工，工件四周斜面可采用等高环绕加工，还可根据工件形状进行组合加工(如图 4-7、图 4-14 所示)。

③ 可采用"四分法"进行精加工。用十字线将工件划分为 4 个区域，采用 45°或 135°平行走刀加工，以保证 4 个圆角位置的表面质量合格(如图 4-15 所示)。

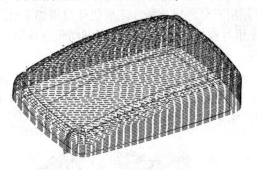

图 4-14   45°平行走刀与等高环绕加工组合

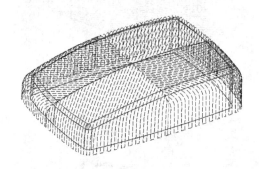

图 4-15   "四分法"走刀

(6) 尽量采用高耐磨性、高精度的刀具进行精加工(如硬质合金涂层、立方氮化硼、金属陶瓷等刀具)，以免刀具磨损影响工件加工精度和表面质量。

(7) 为提高加工质量和加工效率，要合理设置数控加工工艺参数，包括加工余量、切削容差、残留高度、切削进给速度(v_f)，主轴转速(v_s)，加工步距、吃刀深度等。

① 主轴转速与切削进给速度要符合公式 $v_s = \dfrac{1000V}{\pi d}$，$v_f = v_s \times n \times f_z$ 的计算结果。v_s——主轴转速，V——切削速度，v_f——进给速度，d——刀具直径，f_z——每齿进给量，n——刀刃数。

② 精加工切削容差(即切削精度)一般控制在 0.01 mm，否则曲面会起棱线，影响表面质量。如果容差取值太小，则电脑计算刀路时间会太长。粗加工、半精加工的切削精度可设定为加工余量的 1/10。

③ 一般而言，精加工球刀步距取 0.3～0.5 mm，粗加工步距(切削宽度)对于平底刀大约取 $0.7 \times d$(d 为刀具直径)，圆角刀大约取 $0.8 \times d - 2 \times R$($R$ 为刀具圆半径)；粗加工余量为 0.6～1.5 mm，半精加工余量为 0.2～0.5 mm，精加工余量为 0；粗加工吃刀深度为 0.8～2.5 mm。

(8) 数控机床加工一般要采用顺铣，以获得较好的表面质量。仅在开粗有"黑皮"时(加工锻造毛坯)才用逆铣加工。

(9) 保证加工的安全性。例如，根据工件形状，要预留安全高度，并选取适当的刀具长度，以保证刀具及刀柄不会与工件发生碰撞或挤擦，以免造成刀具或工件的损坏；对压板螺栓装夹的工件，要在相应的位置做出保护面，以免铣伤压板并造成工件移位。

4.1.3　提高加工效率的策略

(1) 提高数控加工效率的首要原则是"大刀开粗，小刀清角"。粗加工要选择足够大并有足够切削能力的刀具快速去除材料；精加工要使用较小的刀具，能加工到工件的每一个角落，可把工件结构、形状完全加工出来。

① 不能只用较小刀具就完成粗、精加工，因为较小刀具在粗加工时的效率太低。例如，直径 32 mm 刀具的半径是直径 8 mm 刀具半径的 4 倍，但加工面积却相差 16 倍。另外较大刀具刚性好，吃刀深度和切削进给速度明显高于较小刀具。

② 对于较小的工件，如果选取的刀具较大，其切削受力也大，易发生加工变形，并且工艺死角的残留量也大，还需要二次开粗，影响加工效率。因此"大刀开粗"需要综合权衡，合理选取刀具直径，并非越大越好。较大刀具直径的近似计算公式为 $d = 2\sqrt{s/60}$ (s 为工件投影面积)，该经验公式由广州番禺职业技术学院张钟高级工程师归纳推导，经实际验证，已被多家模具企业采用。例如，100 mm × 60 mm 的工件粗加工选用的刀具直径为 20 mm。

③ 较小刀具直径的近似计算公式为 $d = L/5$ (L 为工件安全高度)，同时已考虑了工件形状的最小圆角半径与加工的安全性。例如，30 mm 高的工件可选用直径为 6 mm 的刀具进行清角加工。

(2) 对不同的工件表面形状要采用相对应的刀具进行加工，以保证加工质量与加工效率。

① 一般采用球刀加工曲面；平底刀或圆角刀加工平面；平底刀清角及加工直角或斜角位置。

② 水平平面不要采用球刀加工(如图 4-16 所示)。因为水平平面若用平底刀加工，刀具轨迹的步距(切削宽度)可以超过刀具半径，加工效率高；若用球刀加工，只能以很小的步距往复加工，浪费时间。

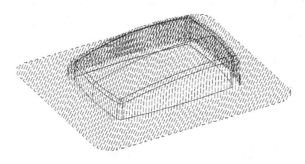

图 4-16　球刀加工平面(注意避免)

③ 采用球刀加工曲面，以保证曲面的表面质量。球刀加工不到的死角，则用平底刀清除。

(3) 工件的不同区域尺寸差异较大时，要采用分区域进行加工。例如，对于较为宽敞的部位，可采用较大的刀具进行加工，以提高加工效率；对于较小的型腔、狭窄的部位或转角区域，如果采用较大的刀具则不能彻底加工，必须用较小的刀具以保证尺寸加工到位。

(4) 不要出现"走空刀"的现象。充分利用 CAM 软件提供的有关带毛坯切削、刀路修剪编辑、自动清除上道工序的残余量、自动清根等功能进行数控编程，避免出现无切削的空行程走刀现象。

(5) 一般不要重复走刀、交叉走刀、放射状走刀加工或者切削步距太小(应合理设置数控加工工艺参数)。例如，不要用 0°平行走刀后，再用 90°平行走刀，用相同的余量多加工一次；一般不要采用放射状走刀加工(如图 4-17 所示)，因为放射状走刀加工中心处间距过密，周边过疏，要保证表面质量，则必然减小角度间距，使加工效率大幅降低。放射状走刀仅适用于较大半径的圆环区域加工。

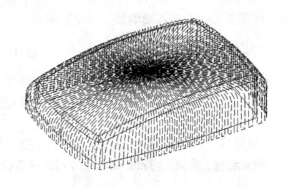

图 4-17 放射状走刀(注意避免)

(6) 采用硬质合金涂层刀粒式刀具取代高速钢、硬质合金整体刀具，以实现数控加工的高速度、高精度，及综合成本的降低。

① 无论粗精加工，尽量选用硬质合金涂层刀粒式刀具。例如，硬质合金涂层刀具的切削速度可高达 150 m/min，而同样条件下的高速钢刀具的切削速度仅为 25 m/min，差距极大。

② 高速钢刀具一般用于加工有色金属(刀刃锋利且不易粘刀)或用于余量极不均匀的清角加工(高速钢刀具韧性较好，不易断刀)。

③ 一般采用 $R5$ 或 $R6$ 的圆角刀开粗，平底刀清角。因为圆角刀受力较好，不易崩刃，圆环刀粒还可多次转位，重复使用。而方刀粒只能用两次，经济性较差。

(7) 适当采用成形刀具加工工件的特定形状，可以提高加工效率。例如，用锥度刀铣斜面，指状刀铣筋条槽，小圆角刀($R0.3\sim1$)直接清小圆角，反 R 刀倒圆角，倒角刀倒 45°斜边等；直壁精加工也可以使用整体端铣刀的侧刃一次加工到尺寸。

4.1.4 数码相机模型数控加工图解

数码相机模型外观具有复杂的曲面造型，还有镜头凸起、取景窗斜面、底部平面与侧壁等组合。因此需要采用不同形状的刀具进行加工，同时灵活运用上述各种工艺策略选择工艺，才能又快又好地完成其数控加工。

图 4-18 为实际加工过程的图片。

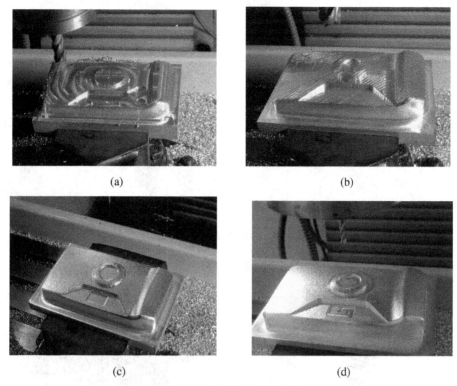

图 4-18　实际加工过程图片

　　首先要整体规划加工顺序，不能"东一榔头西一棒子"，更不能想到哪里就做到哪里。该工件工艺安排可按粗加工、半精加工、精加工、清角加工依次进行；其次要依据工艺策略原则，如"大刀开粗小刀清角"、"先底后侧"、"空间刀具轨迹密度一致"、"精加工余量均匀"等，运用 CAM 软件提供的加工方式如等高加工、外形轮廓加工、挖槽加工、曲面投影加工等，合理选用刀具，设置加工参数，进行自动编程。该工件具体的数控加工过程为采用 ϕ12 平刀(端铣刀)开粗，半精加工，以及精加工底面和侧壁；用 R3 球刀精加工曲面；用 ϕ4 平刀精加工清角，去除球刀加工不到的工艺死角。

　　下面给出详细的步骤图解说明：

　　(1) ϕ12 平刀等高开粗，如图 4-19 所示。

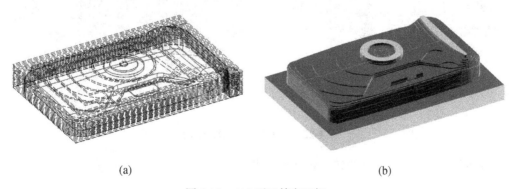

图 4-19　ϕ12 平刀等高开粗

(2) ϕ12 平刀精加工底面，如图 4-20 所示。

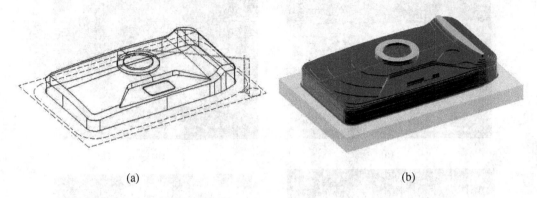

(a)   (b)

图 4-20 ϕ12 平刀精加工底面

(3) ϕ12 平刀精加工侧壁，如图 4-21 所示。

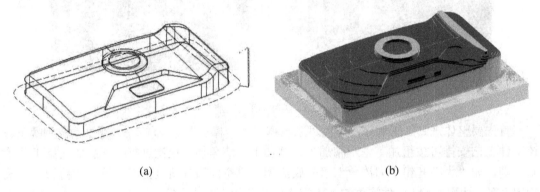

(a)   (b)

图 4-21 ϕ12 平刀精加工侧壁

(4) ϕ12 平刀半精加工顶部，如图 4-22 所示。

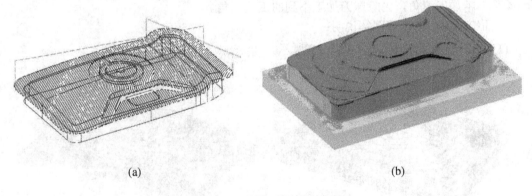

(a)   (b)

图 4-22 ϕ12 平刀半精加工顶部

(5) R3 球刀精加工顶部曲面，如图 4-23 所示。

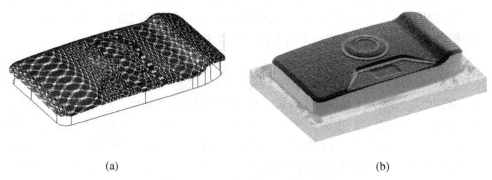

(a)　　　　　　　　　　　　　　　　　　(b)

图 4-23　R3 球刀精加工顶部曲面

(6) R3 球刀精加工侧壁，如图 4-24 所示。

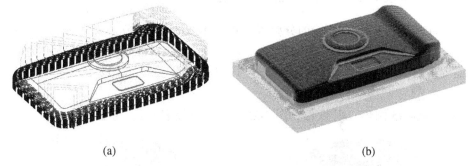

(a)　　　　　　　　　　　　　　　　　　(b)

图 4-24　R3 球刀精加工侧壁

(7) φ4 平刀精加工清角，如图 4-25 所示。

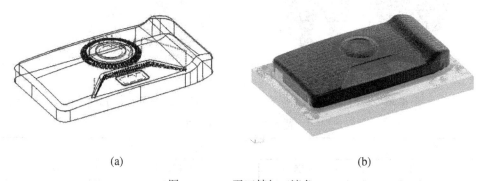

(a)　　　　　　　　　　　　　　　　　　(b)

图 4-25　φ4 平刀精加工清角

4.2　风叶注塑模具的数控编程与加工

　　电风扇的风叶塑料制品在使用过程中高速旋转，质量要求高，动平衡检测苛刻。风叶的叶片即使只有 0.5 g 重量的误差，也会造成明显的振动，从而影响电风扇的质量。要生产出高质量的风叶，就需要高精度的注塑模具。传统风叶模具制造工艺是手工制作靠模，机械或液压仿形加工，钳工修整调试。由于手工制作石膏或环氧树脂靠模本身的误差，仿形加工又不能使走刀轨迹均匀，并且机床系统反馈的滞后还会造成铣刀偏移过切，因此无法保证模具加工质量。往往需要钳工进行几次甚至十几次的铲模调整，有时要从模具的叶片成型部位铲除重达三四十克的铁屑来调整风叶的动平衡。整个模具制造周期长达 4 个多月，模具修整调试时间远超出模具加工时间。

随着 CAD/CAM/CNC 技术广泛运用于模具行业，数控铣床(规格 1000 mm × 600 mm × 600 mm、BT40 刀头)采用 CIMATRON R12 版软件完成数控编程，并上机加工 ϕ 400 mm 风叶的注塑模具定模只需 22 小时，加工动模只需 18 小时，取得了很好的效果。实现了 CAD/CAM 一体化和无图纸加工，制作出高精度、高质量的风叶注塑模具，并且无须钳工修整，即可达到平衡要求，将模具制造周期缩短至 15 日。以下为风叶注塑模具定模的数控加工工艺过程的详细阐述。

4.2.1　风叶注塑模具定模的数控加工工艺过程

对风叶注塑模具定模(45# 钢)的分型面、型腔及中间凹环部位，需要划分区域分别进行粗加工、清角加工、半精加工、精加工等 12 道工序。而风叶注塑模具动模中心为型芯镶件孔，只需要采用相同的加工方法，进行工序 1～5，以及工序 11、12 清角即可，此处不再赘述。

工序 1：ϕ30R5 圆角刀粗加工(如图 4-26、图 4-27 及表 4-1 所示)。

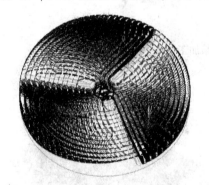 

图 4-26　工序 1 刀路图　　　　　　　图 4-27　工序 1 仿真加工模拟图

表 4-1　工　序　1

加工方式	WCUT(环绕等高加工)		
刀具规格	ϕ30R5 圆刀	刀具材质	硬质合金涂层
主轴转速/(r/min)	1800	进给速度/(mm/min)	1500
切削宽度/mm	13	切削深度/mm	0.5
加工余量/mm	0.35	曲面精度/mm	0.05
工艺要点分析： (1) 机床规格小，开粗采用小负载快速加工的效果较好。 (2) 圆环刀粒可多次转位使用，以降低刀具成本。 (3) 需要采用螺旋或斜向下刀，避免刀具"顶底"。因为圆角刀和平底铣刀底部没有切削刃，如果垂直下刀，则不能切削也不能排屑，容易造成刀具损坏。			

工序 2 ：ϕ16 平刀局部清角(如图 4-28、图 4-29 及表 4-2 所示)。

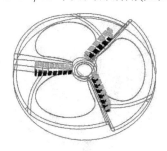 

图 4-28 工序 2 刀路图   图 4-29 工序 2 仿真加工模拟图

表 4-2 工 序 2

加工方式	SURCLR(导向线曲面铣削)		
刀具规格	ϕ16 平刀	刀具材质	高速钢
主轴转速/(r/min)	450	进给速度/(mm/min)	250
切削宽度/mm	1.2	切削深度/mm	—
加工余量/mm	0.4	曲面精度/mm	0.02
工艺要点分析: (1) 局部清角时余量不均匀,采用高速钢刀具韧性好,不易崩刃、断刀,而且侧刃长,不易发生撞刀。 (2) 从下往上单向加工,不会"顶底";从外往里加工,可避免第一刀加工余量过大。			

工序 3：R6 球刀局部清角(如图 4-30、图 4-31 及表 4-3 所示)。

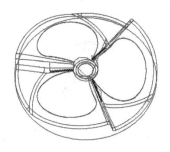 

图 4-30 工序 3 刀路图   图 4-31 工序 3 仿真加工模拟图

表 4-3 工 序 3

加工方式	REMACHIN(清根加工)		
刀具规格	R6 球刀	刀具材质	硬质合金(整体)
主轴转速/(r/min)	1500	进给速度/(mm/min)	500
切削宽度/mm	1	切削深度/mm	—
加工余量/mm	0.4	曲面精度/mm	0.02
工艺要点分析: 　(1) 先进行局部清角,以免后续 R8 球刀加工时发生"包刀"。当球刀加工圆角处,刀刃的接触面过大造成切削负荷突然加大时,将导致刀具损坏,工件表面出现质量缺陷。 　(2) 从外往里加工,可避免第一刀加工余量过大。			

工序 4：$R8$ 球刀半精加工(如图 4-32、图 4-33 及表 4-4 所示)。

图 4-32　工序 4 刀路图

图 4-33　工序 4 仿真加工模拟图

表 4-4　工　序　4

加工方式	SRFPKT(环绕投影加工)		
刀具规格	$R8$ 球刀	刀具材质	硬质合金涂层
主轴转速/(r/min)	1800	进给速度/(mm/min)	1200
切削宽度/mm	1.2	切削深度/mm	—
加工余量/mm	0.2	曲面精度/mm	0.02
工艺要点分析： 　　采用环绕单向顺铣加工，在分型面陡壁处要注意实现由上而下的"下坡"方式加工。不能采用"上下坡"走刀方式来回双向加工。			

工序 5：$R8$ 球刀精加工(如图 4-34、图 4-35 及表 4-5 所示)。

图 4-34　工序 5 刀路图

图 4-35　工序 5 仿真加工模拟图

表 4-5　工　序　5

加工方式	SRFPKT(环绕投影加工)		
刀具规格	$R8$ 球刀	刀具材质	金属陶瓷
主轴转速/(r/min)	2500	进给速度/(mm/min)	1500
切削宽度/mm	0.35	切削深度/mm	—
加工余量/mm	0	曲面精度/mm	0.01
工艺要点分析： 　　采用环绕单向顺铣加工，在分型面陡壁处要注意实现由上而下的"下坡"方式加工。不能采用"上下坡"走刀方式来回双向加工。			

工序 6：$\phi 20R0.8$ 平刀精加工圆台顶部与中间圆周侧壁(如图 4-36、图 4-37 及表 4-6 所示)。

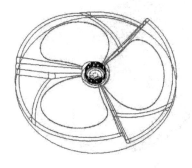

图 4-36 工序 6 刀路图　　　　　　　图 4-37 工序 6 仿真加工模拟图

表 4-6 工 序 6

加工方式	WCUT(环绕等高加工)		
刀具规格	$\phi 20R0.8$ 平刀	刀具材质	硬质合金涂层
主轴转速/(r/min)	1800	进给速度/(mm/min)	800
切削宽度/mm	10	切削深度/mm	0.3
加工余量/mm	0	曲面精度/mm	0.01
工艺要点分析： 　分两个工艺步骤，即先加工圆台顶部(相当于底面)，后加工中间圆周侧壁。			

工序 7：$\phi 6$ 平刀局部粗加工(如图 4-38、图 4-39 及表 4-7 所示)。

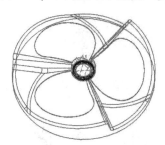

图 4-38 工序 7 刀路图　　　　　　　图 4-39 工序 7 仿真加工模拟图

表 4-7 工 序 7

加工方式	WCUT(环绕等高加工)		
刀具规格	$\phi 6$ 平刀	刀具材质	硬质合金
主轴转速/(r/min)	2000	进给速度/(mm/min)	400
切削宽度/mm	3	切削深度/mm	0.3
加工余量/mm	0.25	曲面精度/mm	0.02
工艺要点分析： 　采用平底刀开粗，刀具受力较好，一般不要用球刀开粗。注意采用螺旋或斜向下刀，避免刀具"顶底"。			

工序 8：R3 球刀粗加工凹环部位(如图 4-40、图 4-41 及表 4-8 所示)。

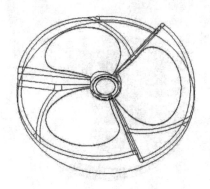 

图 4-40　工序 8 刀路图　　　　　　图 4-41　工序 8 仿真加工模拟图

表 4-8　工　序　8

加工方式	PROFILE(外形加工)		
刀具规格	R3 球刀	刀具材质	硬质合金
主轴转速/(r/min)	2700	进给速度/(mm/min)	200
切削宽度/mm	—	切削深度/mm	0.3
加工余量/mm	—	曲面精度/mm	—
工艺要点分析： 　　平底刀不能加工到凹环底部，只能采用球刀沿凹环圆心线向下逐层开粗加工。			

工序 9：φ6 平刀精加工圆台底部与侧壁(如图 4-42、图 4-43 及表 4-9 所示)。

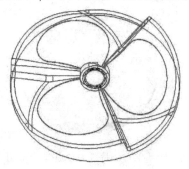 

图 4-42　工序 9 刀路图　　　　　　图 4-43　工序 9 仿真加工模拟图

表 4-9　工　序　9

加工方式	POCKET(口袋加工)		
刀具规格	φ6 平刀	刀具材质	硬质合金
主轴转速/(r/min)	2000	进给速度/(mm/min)	400
切削宽度/mm	3	切削深度/mm	—
加工余量/mm	0	曲面精度/mm	—
工艺要点分析： 　　受工件形状的限制，只能采用φ6 平刀精加工出直角。			

工序 10：R3 球刀精加工凹环部位(如图 4-44、图 4-45 及表 4-10 所示)。

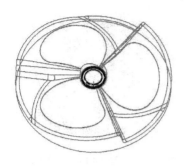

图 4-44　工序 10 刀路图　　　　　　　图 4-45　工序 10 仿真加工模拟图

表 4-10　工　序　10

加工方式	WCUT(环绕等高加工)		
刀具规格	R3 球刀	刀具材质	硬质合金
主轴转速/(r/min)	2700	进给速度/(mm/min)	450
切削宽度/mm	—	切削深度/mm	0.25
加工余量/mm	0.02	曲面精度/mm	0.01
工艺要点分析： (1) 采用球刀加工曲面的效果较好，而且凹环形状也只能用球刀才能加工到位。 (2) 为了保证与工序 6 接刀痕顺利过渡，加工余量要预留 0.02 mm。			

工序 11：R5 球刀局部精加工清角(如图 4-46、图 4-47 及表 4-11 所示)。

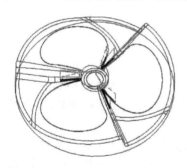

图 4-46　工序 11 刀路图　　　　　　　图 4-47 工序 11 仿真加工模拟图

表 4-11　工　序　11

加工方式	REMACHIN(清根加工)		
刀具规格	R5 球刀	刀具材质	硬质合金
主轴转速/(r/min)	1500	进给速度/(mm/min)	400
切削宽度/mm	0.35	切削深度/mm	—
加工余量/mm	0.02	曲面精度/mm	0.01
工艺要点分析： 　为了保证与工序 5 接刀痕顺利过渡，加工余量要预留 0.02 mm。还要注意对刀的准确。			

工序 12：R3 球刀局部精加工清角与叶片边周清角(如图 4-48、图 4-49 及表 4-12 所示)。

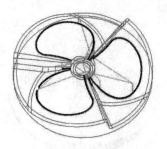

图 4-48　工序 12 刀路图

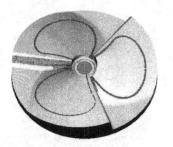

图 4-49　工序 12 仿真加工模拟图

表 4-12　工　序　12

加工方式	REMACHIN(清根加工)		
刀具规格	R3 球刀	刀具材质	硬质合金
主轴转速/(r/min)	2700	进给速度/(mm/min)	400
切削宽度/mm	0.3	切削深度/mm	—
加工余量/mm	0.02	曲面精度/mm	0.01

工艺要点分析：

(1) 采用 R8 球刀精加工，R5、R3 球刀清角，可明显提高加工效率和质量。

(2) 为了保证与工序 5 接刀痕顺利过渡，加工余量要预留 0.02 mm。还要注意对刀的准确。

(3) 为了避免刀具装夹过长，影响刀具的刚性，要采用延长杆(小夹头)装夹 R3 球刀，可避免与工件发生干涉，有效缩短了刀具的悬长。

4.2.2　工艺策略总结

风叶注塑模具凹模的数控加工总结如下：

(1) 分型面与模具型腔不能分别加工，也不能逐个叶片进行加工，以免因刀具磨损造成三片叶质量不均匀。应采用圆周环绕方式进行精加工，保证叶片厚薄变化均匀，从而使得风叶旋转达到动平衡要求，噪声低，振动小。

(2) 充分运用大刀开粗小刀清角原则。粗加工要选择直径足够大并有足够的切削能力的刀具快速去除材料；精加工要使用较小的刀具，能加工到每一个角落，可把工件结构形状完全加工出来。

(3) 不论分型面、型腔，还是中间凹环部位，都需要选用不同大小、不同形状的刀具进行加工，才能提高加工效率、保证加工质量。例如，R8 球刀精加工后，再分别用 R5 和 R3 球刀局部清根，明显提高了加工效率。

4.3　落地扇前盖注塑模具的数控编程与电极设计

具有复杂曲面的模具型腔、型芯，往往存在一些工艺死角，不能完全铣削加工到位，需要设计并制作电极进行电火花清角加工。数控编程人员要根据工件的具体形状，采用数控铣削与电火花成形加工相结合。首先考虑电极的合理设计，保证模具的所有形状都能加工出来。在数控铣削编程时，对工艺死角即需要后续电火花加工的部位，不必过于精细加工，以节省加工时间。

以落地式风扇控制盒的前盖注塑模具为例，该模具结构为单腔大水口两板模，模架规格 2550。数控铣床(规格 1000 mm × 600 mm × 600 mm、BT40 刀头)采用 CIMATRON R12 版软件完成了数控编程与电极设计，并上机加工出该模具的型腔与型芯及 5 个电极，取得了较好的效果。

4.3.1 电极的设计

落地扇控制盒的前盖零件由多组曲面构成，结构较为复杂，产品的最大外形尺寸为 375 mm × 90 mm × 40 mm。前盖的产品留有与照明灯、装饰板、标签等相配合的位置，其中照明灯部位是通孔，如图 4-50 所示。前盖产品配合部位多为直角台阶造型，工艺死角多，需要设计制作一定数量的电极，进行后续的电火花成形加工，才能完成该模具型腔与型芯全部的成形加工。

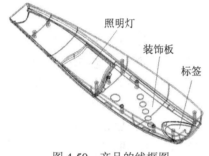

图 4-50　产品的线框图

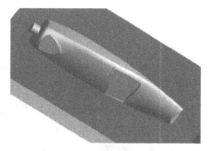

图 4-51　型腔渲染图

1. 型腔及电极

模具型腔直接影响塑料产品的外观，表面质量要求高。不能对其型腔内的凸台采用镶件组装，需要整体加工所有的曲面形状，如图 4-51 所示。型腔电火花加工需要制作 3 个电极，由于照明灯与装饰板之间的部位其电火花加工余量较大，需要制作一个粗电极 A 先进行局部开粗加工，电火花间隙为 0.40 mm；然后制作两个精电极 B(局部大电极)和 C(整体大电极)用于精加工，电火花间隙为 0.15 mm，分别如图 4-52～图 4-57 所示。

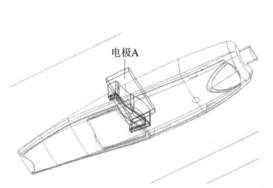

图 4-52　电极 A 的加工位置线框图

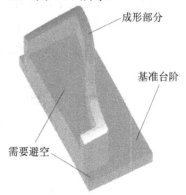

图 4-53　电极 A 渲染图

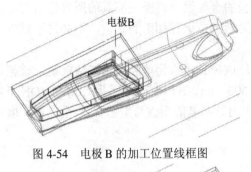

图 4-54　电极 B 的加工位置线框图

图 4-55　电极 B 渲染图

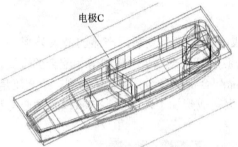

图 4-56　大电极 C 的加工位置线框图

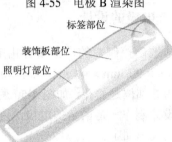

图 4-57　大电极 C 渲染图

　　电极由成形部分和基准台阶组成，成形部分直接从需要电火花加工的模具部位提取出相关的曲面；基准台阶用于电火花加工时电极的空间定位，必须考虑满足"6 点定位原则"的要求。设计电极还应该注意避空(包括成形曲面到基准台阶的适当延伸、对非加工面的保护等)，以免电火花加工时误伤其他已经加工好的表面。例如，电极 A 的基准台阶面与模腔顶面应留 1～2 mm 间隙，电极 B 的照明灯部位与对应的模腔凸台顶面也应留有间隙。

　　整体大电极 C 在数控加工之后，还需要用线切割加工出照明灯、装饰板、标签部位的成形与避空位置(通孔)。其中照明灯通孔部位要加大电火花间隙至 0.8 mm，以避免误伤电极 B 已加工好的侧壁。注意：电极 C 需要加厚基座至 20 mm 以上，避免线切割加工之后电极发生变形，影响模具加工质量。

2. 型芯及电极

　　模具型芯只影响产品的内表面，是不可见部分，一般而言客户对其表面质量要求较低。型芯如图 4-58 所示，仅需要制作两个电极 D 和 E，电火花间隙为 0.15 mm，分别用于产品半圆孔部位与照明灯部位的清角加工。其中电极 D 的成形部分有意设计成矩形，可以直接用以定位，从而省略基准台阶。电极 D 和 E 的位置及形状如图 4-59、图 4-60 所示。

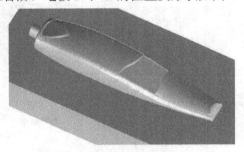

图 4-58　型芯渲染图

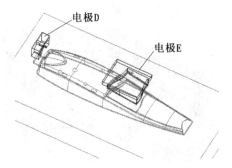

图 4-59　电极 D、E 的加工位置线框图　　　图 4-60　电极 D、E 渲染图

4.3.2　型腔的数控加工工艺过程

　　数控编程的工艺规划一般按粗加工、半精加工、清角加工、精加工进行。当工件的不同区域尺寸差异较大时，要采用分区域进行加工。对于较为宽敞的部位，可采用较大的刀具进行加工，以提高加工效率；对于较小的型腔、狭窄的部位或转角区域，采用较大的刀具不能彻底加工，必须用较小的刀具以保证尺寸加工到位。对于不能加工到位的工艺死角只能采用后续的电火花加工来完成。

　　型腔的数控加工工序如下：

　　工序 A1：$\phi30R5$ 圆角刀粗加工(如图 4-61、图 4-62 及表 4-13 所示)。

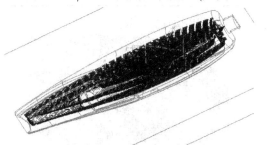

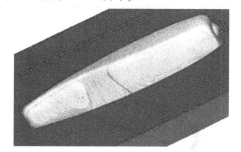

图 4-61　工序 A1 刀路图　　　　图 4-62　工序 A1 仿真加工模拟图

表 4-13　工　序　A1

加工方式	WCUT(环绕等高加工)		
刀具规格	$\phi30R5$ 圆角刀	刀具材质	硬质合金涂层
主轴转速/(r/min)	1800	进给速度/(mm/min)	1500
切削宽度/mm	13	切削深度/mm	0.5
加工余量/mm	0.35	曲面精度/mm	0.05

工艺要点分析：

　(1) 由于机床规格小，开粗一般采用小负载快速加工的效果较好。

　(2) 圆环刀粒可多次转位使用，以降低刀具成本。

　(3) 需要采用螺旋或斜向下刀，避免刀具"顶底"。因为圆角刀和平底铣刀底部没有切削刃，如果垂直下刀，不能切削也不容易排屑，容易造成刀具损坏。

工序 A2 ：ϕ16R0.8 平刀粗加工(如图 4-63、图 4-64 及表 4-14 所示)。

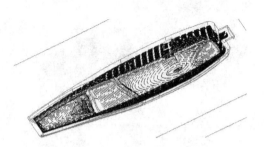
图 4-63　工序 A2 刀路图

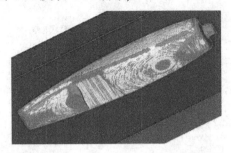
图 4-64　工序 A2 仿真加工模拟图

表 4-14　工　序　A2

加工方式	WCUT(环绕等高加工)		
刀具规格	ϕ16R0.8 平刀	刀具材质	硬质合金涂层
主轴转速/(r/min)	2000	进给速度/(mm/min)	1000
切削宽度/mm	—	切削深度/mm	0.5
加工余量/mm	0.25	曲面精度/mm	0.02

工艺要点分析：

　　型腔形状复杂，继续用可舍弃式刀粒的平底铣刀由上至下环绕等高加工，尽可能地清除工序 A1 圆角刀留下的余量。

工序 A3 ：ϕ8 平刀局部清角(如图 4-65、图 4-66 及表 4-15 所示)。

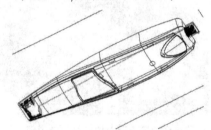
图 4-65　工序 A3 刀路图

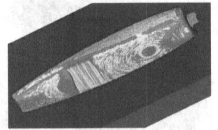
图 4-66　工序 A3 仿真加工模拟图

表 4-15　工　序　A3

加工方式	WCUT(环绕等高加工)		
刀具规格	ϕ8 平刀	刀具材质	高速钢
主轴转速/(r/min)	800	进给速度/(mm/min)	300
切削宽度/mm	—	切削深度/mm	0.4
加工余量/mm	0.25	曲面精度/mm	0.02

工艺要点分析：

　　(1) 先用小刀局部清角，可避免后续大刀加工在工艺死角时发生"包刀"现象(刀刃与工件的接触宽度急剧增加，负荷突然变大而振动，引起崩刃甚至断刀)。

　　(2) 清角加工时余量不均匀，采用高速钢刀具韧性好，不易崩刃、断刀。

　　(3) 注意下刀位置要在工艺死角之外。

工序 A4：*R*8 球刀半精加工(如图 4-67、图 4-68 及表 4-16 所示)。

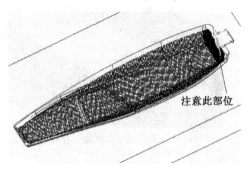
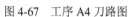

图 4-67　工序 A4 刀路图

图 4-68　工序 A4 仿真加工模拟图

表 4-16　工序 A4

加工方式	SRFPKT(环绕投影加工)		
刀具规格	*R*8 球刀	刀具材质	硬质合金
主轴转速/(r/min)	1500	进给速度/(mm/min)	1000
切削宽度/mm	1	切削深度/mm	—
加工余量/mm	0.2	曲面精度/mm	0.02

工艺要点分析：

(1) 采用 90° 双向走刀加工大部分型腔，但在靠近标签部位，则采用 45° 和 135° 走刀以保证两个圆角都有较好的加工效果(如图 4-69 所示)。

(2) 为保证半精工的效果，先用同一把刀在靠近标签部位进行一次局部的开粗。

(3) 加工边界要设定在最大轮廓边界内，保证刀具的球心仅高于顶面 0.2 mm，以避免刀具围绕轮廓边界线上下走圆弧，浪费加工时间。

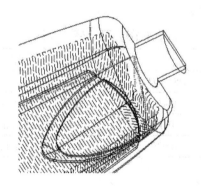

图 4-69　工序 A4、A5 的刀迹局部示意图

工序 A5：*R*8 球刀精加工(如图 4-70、图 4-71 及表 4-17 所示)。

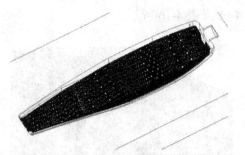

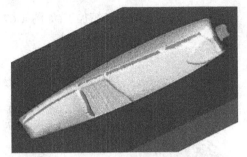

图 4-70　工序 A5 刀路图　　　　　　　图 4-71　工序 A5 仿真加工模拟图

表 4-17　工　序　A5

加工方式	SRFPKT(环绕投影加工)		
刀具规格	R8 球刀	刀具材质	金属陶瓷
主轴转速/(r/min)	2500	进给速度/(mm/min)	1500
切削宽度/mm	0.3	切削深度/mm	—
加工余量/mm	0	曲面精度/mm	0.01

工艺要点分析：

采用 90°双向走刀加工大部分型腔，但在靠近标签部位，则采用 45°和 135°走刀以保证两个圆角都有较好的加工效果(如图 4-69 所示)。

工序 A6：R5 球刀精加工清角(如图 4-72、图 4-73 及表 4-18 所示)。

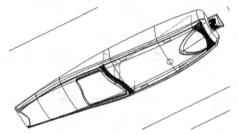

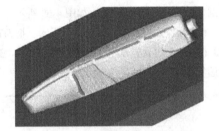

图 4-72　工序 A6 刀路图　　　　　　　图 4-73　工序 A6 仿真加工模拟图

表 4-18　工　序　A6

加工方式	SRFPKT(环绕投影加工)		
刀具规格	R5 球刀	刀具材质	硬质合金
主轴转速/(r/min)	1500	进给速度/(mm/min)	600
切削宽度/mm	0.3	切削深度/mm	—
加工余量/mm	0.02	曲面精度/mm	0.01

工艺要点分析：

(1) 先用 R8 球刀精加工刚性较好，再用 R5 球刀清角，可提高加工效率。

(2) 因为有后续的电火花加工，不需要再用小刀清角。

(3) 为了保证与工序 A5 接刀痕顺利过渡，加工余量要预留 0.02 mm。还要注意对刀的准确。

4.3.3 型芯的数控加工工艺过程

模具型芯采用大镶件形式，镶件长宽尺寸为 410 mm×130 mm，毛坯露出模架顶面高 47 mm，模架长宽尺寸为 500 mm×250 mm。加工范围得以缩小，既节省材料，又可缩短加工时间。

工序 B1：$\phi 30R5$ 圆角刀粗加工(如图 4-74、图 4-75 及表 4-19 所示)。

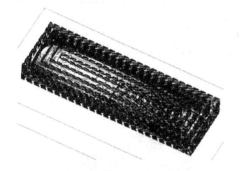

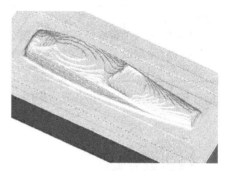

图 4-74 工序 B1 刀路图　　　　　　图 4-75 工序 B1 仿真加工模拟图

表 4-19 工 序 B1

加工方式	WCUT(环绕等高加工)		
刀具规格	$\phi 30R5$ 圆角刀	刀具材质	硬质合金涂层
主轴转速/(r/min)	1800	进给速度/(mm/min)	1500
切削宽度/mm	13	切削深度/mm	0.5
加工余量/mm	0.35	曲面精度/mm	0.05
工艺要点分析： (1) 参考 4.3.2 对工序 A1 的分析。 (2) 粗加工不要直接到底面，要留余量需要后续精加工底面，以保证表面质量。			

工序 B2 ：$\phi 10$ 平刀局部清角(如图 4-76、图 4-77 及表 4-20 所示)。

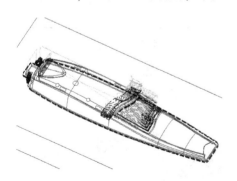

图 4-76 工序 B2 刀路图　　　　　　图 4-77 工序 B2 仿真加工模拟图

表 4-20　工　序　B2

加工方式	WCUT(环绕等高加工)		
刀具规格	$\phi 10$ 平刀	刀具材质	高速钢
主轴转速/(r/min)	650	进给速度/(mm/min)	350
切削宽度/mm	—	切削深度/mm	0.4
加工余量/mm	0.35	曲面精度/mm	0.02

工艺要点分析:

(1) 参考 4.3.2 型腔的数控加工工艺过程中工序 A3 的分析。

(2) 先进行局部清角,以免后续精加工时发生刀具"包刀",影响加工质量。最后进行整体环绕等高加工,清除工序 B1 圆角刀留下的底部圆角余量。

工序 B3:R8 球刀半精加工顶部(如图 4-78、图 4-79 及表 4-21 所示)。

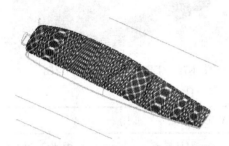

图 4-78　工序 B3 刀路图　　　　　　　　图 4-79　工序 B3 仿真加工模拟图

表 4-21　工　序　B3

加工方式	SRFPKT(环绕投影加工)		
刀具规格	$R8$ 球刀	刀具材质	硬质合金
主轴转速/(r/min)	1500	进给速度/(mm/min)	1000
切削宽度/mm	1	切削深度/mm	—
加工余量/mm	0.2	曲面精度/mm	0.02

工艺要点分析:

(1) 采用等高粗加工后,对工件平坦部位出现的较大台阶,如果直接进行精加工,就会因为加工余量的不均匀,造成切削负荷有较大的变化,刀具由于振动而影响表面的加工质量。需要增加顶部的半精加工工序,以保证精加工时余量均匀。

(2) 采用 90°双向平行走刀加工即可。

工序 B4:$\phi 16R0.8$ 平刀精加工(如图 4-80、图 4-81 及表 4-22 所示)。

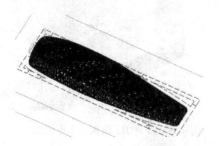

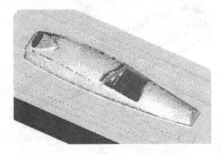

图 4-80　工序 B4 刀路图　　　　　　　　图 4-81　工序 B4 仿真加工模拟图

表 4-22　工　序　B4

加工方式	先 WCUT(环绕等高加工)后 SRFPKT(环绕投影加工)		
刀具规格	$\phi 16R0.8$ 平刀	刀具材质	硬质合金涂层
主轴转速/(r/min)	2000	进给速度/(mm/min)	1000
切削宽度/mm	0.4	切削深度/mm	0.3
加工余量/mm	0	曲面精度/mm	0.01

工艺要点分析：

　(1) 一般曲面采用球刀加工效果较好，但型芯部分有直角台阶造型，直接采用平刀精加工，就可以不用再清角。

　(2) 精加工刀具轨迹相对被加工表面的空间间距应均匀一致，以避免刀路疏密不一，造成明显的局部表面刀痕。采用 45° 平行双向走刀加工，以保证型芯四边的刀痕都均匀。而平底刀 90° 或 0° 平行双向走刀时，被加工的表面容易产生明显的台阶毛刺，不光顺。

　(3) 先加工底平面，再加工侧壁。可以避免当侧壁加工到底时，由于刀具的侧刃与底刃同时受力，产生振动而影响底面的表面质量。

工序 B5：$R5$ 球刀精加工清角(如图 4-82、图 4-83 及表 4-23 所示)。

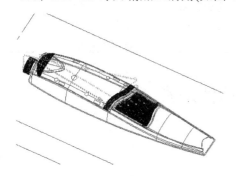

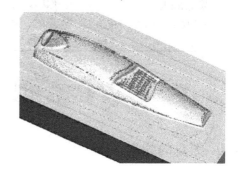

图 4-82　工序 B5 刀路图　　　　　图 4-83　工序 B5 仿真加工模拟图

表 4-23　工　序　B5

加工方式	SRFPKT(环绕投影加工)		
刀具规格	$R5$ 球刀	刀具材质	硬质合金
主轴转速/(r/min)	1500	进给速度/(mm/min)	600
切削宽度/mm	0.35	切削深度/mm	—
加工余量/mm	0.02	曲面精度/mm	0.01

工艺要点分析：

　(1) 照明灯部位是斜平面，平刀加工效果不好，需要球刀再次加工。

　(2) 为了保证与工序 A5 接刀痕顺利过渡，加工余量要预留 0.02 mm。还要注意对刀的准确。

工序 B6：R2 球刀精加工清角(如图 4-84、图 4-85 及表 4-24 所示)。

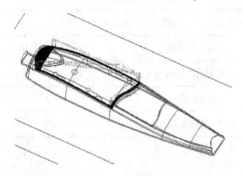

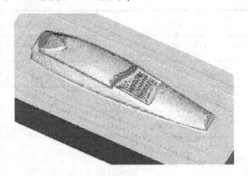

图 4-84　工序 B6 刀路图　　　　　　　图 4-85　工序 B6 仿真加工模拟图

表 4-24　工　序　B6

加工方式	REMACHIN(清根加工)与 SRFPKT(环绕投影加工)		
刀具规格	R2 球刀	刀具材质	硬质合金
主轴转速/(r/min)	3500	进给速度/(mm/min)	500
切削宽度/mm	0.3	切削深度/mm	0
加工余量/mm	0.02	曲面精度/mm	0.01

工艺要点分析：
(1) 采用 R2 球刀精加工清角，尺寸基本到位，不再需要电火花加工顶部。
(2) 先用 $\phi16R0.8$ 平刀精加工，后用 R5、R2 球刀清角，可明显提高加工效率和质量。
(3) 为了保证与工序 A5 接刀痕顺利过渡，加工余量要预留 0.02 mm。还要注意对刀的准确。

4.4　常用数控刀具使用参考

4.4.1　刀具的分类

(1) 按刀具形状分为：圆角刀(如 $\phi37R6$)，球刀(如 R10)，平底刀包括端铣刀、立铣刀、盘铣刀等(如 $\phi20$)。
(2) 按切削刃材质分为：高速钢、硬质合金、硬质合金涂层。
(3) 按刀具结构分为：整体式刀具、可舍弃刀粒式刀具。
(4) 按品牌分为：SA*、S*、W* 等。

4.4.2　刀具使用的基本原则

(1) 以硬质合金涂层刀粒式刀具取代高速钢、硬质合金整体刀具，实现数控加工高速化、高精度。
(2) 高、中档刀具搭配；粗、半精、精加工刀具分开，加工铜和钢刀具分开。
(3) S* 球刀用于大面积精加工；SA*、S* 圆角刀、W* 平底刀用于开粗加工及半精加工；高速钢刀具用于余量不匀的清角或半精加工、电极加工；SA* 圆角刀、W* 平底刀、球刀及整体硬质合金刀用于精加工。

4.4.3　常用刀具规格

(1) 圆角刀：$\phi16R4$，$\phi20R5$，$\phi32R6$，$\phi37R6$，$\phi40R6$，$\phi44R6$，$\phi50R6$，$\phi63R6$，$\phi75R6$，$\phi80R6$，$\phi100R6$。

(2) 球刀：$R1$，$R1.5$，$R2$，$R2.5$，$R3$，$R4$，$R5$，$R6$，$R8$，$R10$，$R12.5$，$R16$。

(3) 平底刀：$\phi2$，$\phi3$，$\phi4$，$\phi5$，$\phi6$，$\phi8$，$\phi10$，$\phi12$，$\phi16$，$\phi20$，$\phi25$，$\phi32$，$\phi50$。

(4) 特殊要求刀具：深腔清角时，要求磨成锥柄刀，以增强刀具刚性。

4.4.4　切削参数计算公式

切削参数计算公式：

主轴转速：$v_s = V \times 1000/d \times \pi(\text{r/min})$

进给速度：$v_f = f_z \times n \times v_s(\text{mm/min})$

其中：V——切削速度 m/min；

n——切削刃数量；

f_z——每齿进给量 mm；

d——刀具直径 mm。

高速钢刀 V 取 20～30 m/min，硬质合金刀 V 取 50～80 m/min，硬质合金涂层刀 100～130 m/min，高速钢刀 f_z 取 0.05～0.2 mm，硬质合金刀 f_z 取 0.1～0.3 mm。

4.4.5　常用刀具切削参数推荐表(如表 4-25～表 4-34 所示)

(1) 圆角刀(如表 4-25 所示)。

表 4-25　圆角刀

序号	直径 d/mm	品牌	刀数 n	转速 v_s/(r/min)	速度 v_f/(mm/min)	深度 ap/mm
1	$\phi16R4$	W*	2	1800	1000	0.5～0.8
2	$\phi20R5$	W*	2	1800	1000	0.5～0.8
3	$\phi32R6$	SA*	3	1500	1200	0.5～0.8
4	$\phi37R6$	S*	3	1500	990	1
5	$\phi40R6$	S*	4	1200	1260	1
6	$\phi44R6$	SA*	3	1200	860	1
7	$\phi50R6$	SA*	4	830	1000	1～1.5
8	$\phi63R6$	SA*	5	650	980	1～1.5
9	$\phi75R6$	SA*	5	550	830	1～1.5
10	$\phi80R6$	SA*	6	520	780	1～1.5
11	$\phi100R6$	SA*	6	420	760	1～1.5

注：设定状态 $V = 130$ m/min，$ap = 0.3$ mm，挖槽加工钢件。

(2) S* 球刀(如表 4-26 所示)。

表 4-26　S* 球刀

序号	半径 R/mm	转速 v_s/(r/min)	速度 v_f/(mm/min)	深度 ap/mm	步距 ac/mm
1	4	5200	1560	0.3～0.5	0.15～0.2
2	5	4100	1230	0.3～0.5	0.15～0.2
3	6	3500	1190	0.3～0.5	0.2～0.3
4	8	2600	1040	0.3～0.5	0.2～0.3
5	10	2100	840	0.3～0.5	0.2～0.3

注：设定状态 $V = 130$ m/min，$ap = 0.15\sim0.2$ mm，加工钢件。

(3) W* 球刀(如表 4-27 所示)。

表 4-27　W* 球刀

序号	半径 R/mm	转速 v_s/(r/min)	速度 v_f/(mm/min)	深度 ap/mm	步距 ac/mm
1	4	4800	1440	0.3～0.5	0.15～0.2
2	5	3800	1200	0.3～0.5	0.15～0.2
3	6	3200	1050	0.3～0.5	0.2～0.3
4	8	2400	960	0.3～0.5	0.2～0.3
5	10	1900	760	0.3～0.5	0.2～0.3

注：设定状态 $V = 120$ m/min，$ap = 0.15\sim0.2$ mm，加工钢件。

(4) W* 平底刀(如表 4-28 所示)。

表 4-28　W* 平底刀

序号	半径 R/mm	刃数 n	转速 v_s/(r/min)	速度 v_f/(mm/min)	深度 ap/mm
1	$\phi 10 R0.4$	1	3200	320	0.4
2	$\phi 12 R0.4$	1	2700	400	0.4
3	$\phi 16 R0.4$	2	2000	600	0.5
4	$\phi 20 R0.4$	2	1600	480	0.6
5	$\phi 25 R0.4$	3	1200	540	0.5～0.8
6	$\phi 32 R0.4$	4	1000	600	0.5～0.8

注：a. 设定状态 $V = 100$ m/min，$ap = 0.1\sim0.15$ mm，挖槽加工钢件。

b. 此类刀具可用于开粗及料位精加工，避免用于碰穿、插穿面精加工。

c. 尽量采用此刀具做平面精加工。

(5) SA* 球刀(如表 4-29 所示)。

表 4-29　SA* 球刀

序号	半径 R/mm	刃数 n	转速 v_s/(r/min)	速度 v_f/(mm/min)	深度 ap/mm
1	10	1	2100	520	0.2～1
2	12.5	1	1700	430	0.2～1
3	16	1	1300	350	0.2～1

注：a. 设定状态 $V = 130$ m/min，$ap = 0.25$ mm，加工钢件。

b. 此类刀具用于粗加工或半精加工。

(6) S*平底刀(如表 4-30 所示)。

表 4-30　S*平底刀

序号	直径 d/mm	刃数 n	转速 v_s/(r/min)	速度 v_f/(mm/min)	深度 ap/mm
1	$\phi 8R0.4$	2	4800	1400	0.5
2	$\phi 10R0.4$	2	3500	1000	0.5
3	$\phi 12R0.8$	2	3200	960	0.5

注：设定状态 V = 120 m/min，ap = 0.15 mm，挖槽加工钢件。

(7) 硬质合金球刀(如表 4-31 所示)。

表 4-31　硬质合金球刀

序号	半径 R/mm	刃数 n	转速 v_s/(r/min)	速度 v_f/(mm/min)	深度 ap/mm
1	1	2	8000	100	0.05～0.1
2	1.5	2	5300	150	0.05～0.1
3	2	2	4000	600	0.1～0.3
4	2.5	2	3200	700	0.1～0.3
5	3	2	2700	700	0.3～0.5
6	4	2	2000	640	0.3～0.5
7	5	2	1600	560	0.5～1
8	6	2	1300	500	0.5～1
9	8	2	1000	400	0.5～1
10	10	2	800	350	0.5～1

注：设定状态 V = 50 m/min，加工钢件。

(8) 高速钢球刀(如表 4-32 所示)。

表 4-32　高速钢球刀

序号	半径 R/mm	刃数 n	转速 v_s/(r/min)	速度 v_f/(mm/min)	深度 ap/mm
1	1	2	4000	100	0.05～0.1
2	1.5	2	2700	150	0.05～0.1
3	2	2	2000	500	0.1～0.3
4	2.5	2	1600	500	0.1～0.3
5	3	2	1300	500	0.3～0.5
6	4	2	1000	400	0.3～0.5
7	5	2	800	320	0.5～1
8	6	2	670	270	0.5～1
9	8	2	500	200	0.5～1
10	10	2	400	200	0.5～1

注：设定状态 V = 25 m/min，加工钢件。

(9) 高速钢平底刀(如表 4-33 所示)。

表 4-33 高速钢平底刀

序号	直径 d/mm	刃数 n	转速 v_s/(r/min)	速度 v_f/(mm/min)	深度 ap/mm
1	$\phi2$	2	3200	100	0.1～0.3
2	$\phi3$	2	2100	100	0.1～0.3
3	$\phi4$	2	1600	150	0.3～0.5
4	$\phi5$	2	1300	200	0.3～0.5
5	$\phi6$	3	1060	300	0.5～0.8
6	$\phi8$	3	800	360	0.5～0.8
7	$\phi10$	4	640	360	0.5～0.8
8	$\phi12$	4	530	320	0.8～2
9	$\phi16$	4	400	240	0.8～2
10	$\phi20$	4	320	200	0.8～2
11	$\phi25$	4	260	200	0.8～2
12	$\phi32$	6	200	200	0.8～2

注：a. 设定状态 $V = 20$ m/min，挖槽加工钢件。

b. 铣侧面可提高转速 v_s，刃数不同也应调整速度 v_f。

(10) 硬质合金平底刀(如表 4-34 所示)。

表 4-34 硬质合金平底刀

序号	直径 d/mm	刃数 n	转速 v_s/(r/min)	速度 v_f/(mm/min)	深度 ap/mm
1	$\phi2$	2	6400	100	0.1～0.3
2	$\phi3$	2	4300	200	0.1～0.3
3	$\phi4$	2	3200	500	0.3～0.5
4	$\phi5$	3	2500	600	0.3～0.5
5	$\phi6$	3	2100	600	0.3～0.5
6	$\phi8$	3	1600	480	0.5～1
7	$\phi10$	3	1300	390	0.5～1
8	$\phi12$	4	1000	400	0.5～1
9	$\phi16$	4	800	380	0.5～1
10	$\phi20$	4	650	300	1～3

注：a. 设定状态 $V = 40$ m/min，挖槽加工钢件。

b. 刃数不同转速也应调整，铣侧面可提转速 v_s 与速度 v_f。

4.5　模具企业数控编程工作指引

4.5.1　数控加工工序的确定

(1) 型腔：一般数控加工工序为粗加工、清角加工、半精加工、精加工 4 道工序。

(2) 型芯、电极、滑块等：一般采用粗加工、清角加工、精加工工序。

(3) 若工件形状简单，或圆角足够大，可省略清角加工；若工件尺寸较小，也可省略半精加工；

(4) 若工件开粗后余量不均、相差台阶大，可增加半精加工工序。

(5) 除非加工余量极小，否则不能只用一个精加工程序进行加工。

4.5.2　数控编程参数设定推荐值

(1) 开粗加工每层深度约 0.8～1.2 mm，粗加工留余量 0.5～1.0 mm，清角加工留余量 0.2 mm，半精加工留余量 0.15 mm，精加工留余量 0 mm。

(2) 型腔精加工步距 0.3 mm，型芯 0.4 mm，分型面 0.3～0.4 mm，粗电极 0.4 mm，精电极 0.3 mm(也可依据刀具直径大小适当调整)。

(3) 模具预留钳工配作量(具体要求咨询钳工班长或模具设计师)：

① 模具碰穿位留余量一般为零，大型模具(塑件尺寸在 500 mm × 300 mm 以上)为 0.1 mm；小型模具插穿位留 0.1 mm，大型模具为 0.2 mm。

② 一般只在凸起部位单边留余量，以方便钳工修整。

③ 对大面积曲面碰穿位留宽度 15～20 mm 封胶，将分型面铣深 0.5～1 mm 避空，以减少钳工碰模工作。平面可以不用铣避空位。

4.5.3　电极制作注意事项

(1) 电极材料尽量选用国产铜，进口铜仅适用于：

① 透明件模具电极；

② 需要保留电火花纹的模具电极；

③ 型腔体积较大的精电极；

④ 难以抛光的深腔、筋位、柱位电极。

(2) 大电极要尽量采用镶拼方式，避免用整体电极，以节约成本。

(3) 电极设计要依据工件形状，合理截取图形或拼凑图形。

(4) 当电极规格超 70 mm × 40 mm 时要用收螺丝方式装夹。如果具体形状不便采用收螺丝方式，方可用台钳装夹。

(5) 电极尺寸设定一般要求：

① 电极基准边单边宽 5 mm，台钳装夹位高度为 5～8 mm，预留避空位 2 mm；

② 基准边直角请倒圆 0.5 mm，对应模架基准角倒斜角 2×45°，或用"0"字码打记

号，以方便电火花碰数对基准。

(6) 粗电极电火花间隙单边一般取 0.3～0.4 mm，精电极取 0.1 mm，单个电极取 0.15 mm。

(7) 电极定位基准提示：

① 限制 3 个转动自由度，即用一个基准平面可限制 2 个转动自由度，再用一个基准边限制最后一个自由度。也可用两个铅垂侧面限制 3 个转动自由度，以省略基准台阶。

② 限制 3 个平移自由度，即一般用基准边分中限制两轴，z 方向碰单边限制第三轴；也可用定位孔、销限制 2 个平移自由度，方便异形电极定位。

(8) 电极材料紫铜较软易粘刀，多用高速钢进行加工，尽量避免选用硬质合金涂层刀粒刀具。

(9) 电极图形生成：

① MODELING 状态下，在母图需要电火花加工部位用直线画出电极大小、基准台阶、中心线，将图形元素复制到以电极编号命名的层内，并用曲面修剪出四周。

② 进入 NC 状态，建立以电极编号命名的加工坐标系，将图形沿 x 轴或 y 轴旋转 180°，再移动图形，使其中心与加工坐标原点一致，即可得到电极编程图形，开展编程工作。

③ 返回 MODELING 状态，原图形不变，可记录放电加工时碰数基准与具体尺寸值。

4.5.4 数控编程工艺文件的编制要求

(1) 总体要求：

① 字迹工整，文字简练达意。

② 草图清晰，尺寸标注准确无误。

③ 特殊要求应清楚说明。

④ 文图相符，文实相符，不能互相矛盾。

(2) NC 程序名称要以模具编号后两位数字加字母及数字为识别，以免混淆。例如 79A1，79A2 为上模 NC 程序名称，79B1，79B2 为下模程序名称等。

(3) 若修改程序，要用新名取代旧名，如 79A1X 代替 79A1。

(4) 数控加工程序单的编写要求：

① 用三视图画出工件装夹状态(xy 平面，zx 平面或 zy 平面)，标出基准零位。型腔、型芯一般采用基准单边碰数，数值为模架长宽尺寸取整数的一半。特殊要求应与模具设计师沟通确定。

② 镶件、滑块、电极等工件应标明外形尺寸及其他要求，如压板位置要求，镶件垫高高度，电极露出台钳高度，手动铣平顶面高度等，以便操作者加工。

③ 写明 NC 文件存放的路径。如 F:\MDNC6\99097\X，NC

④ 自制锥柄刀具或用小索头装夹刀具要画图表示清楚。

(5) 电极碰数单的编写要求：

① 根据电极制作的母图，用 xy 平面画出电火花加工时的俯视图，并用虚线画出电极外形特征。

② 所有电极用基准斜角 $2 \times 45°$，或以 "0" 字码打记号，对应模架基准，以免电火花加工出错。

③ 电极一般用基准边分中，标注电极中线距模具中心的 x、y 值。

④ 用侧视图表达 z 方向深度。以基准台阶顶面为电火花碰数基准，或以电极顶面标出深度。

⑤ 模具型腔或型芯电极超出 8 个时，要用 A4 纸打出一张俯视图，标明电极分布位置，以方便电火花加工。必要时前往数控车间与电火花机操作员沟通说明。

(6) 电极加工工艺卡的编写要求：

① 注明该电极加工的工序、加工要求和检验要求。

② 画图标注电极镶拼、装夹尺寸，电极避空位等，并说明需要钳工配合的其他要求。

③ 画出数控前或数控后需线切割的图形，或将图形直接转化成 DXF 文件传给线切割操作员。